10秒钟就行动！

成大事者都遵循的行动力法则

[日]藤由达藏 / 著　黄晶晶 / 译

中国出版集团　现代出版社

Prologue

前言

为什么自己没有行动力
大家是否这样想过
烦恼就在今天终结。

只要 10 秒。

提高行动力只需要一点点
诀窍和思维上的改变。
如果能用 10 秒转换思维
你的行动力自然会上升
成为改变人生的动力。

只要 10 秒钟，就能改变你的行动力

碰不上机遇的人一个也没有。有的只是不懂得把握的人。

安德鲁·卡内基

人生瞬息万变。

成功人士与非成功人士其实没有太大的差别。也许能力、知识和学历确实有差异，但是足以左右人生的巨大差异是不存在的。

话虽如此，成功人士、深受好评与信赖的人士和那些并非如此的人之间确实存在着“某种差异”。

那是什么呢？

那就是“是否立即付诸行动”。

机会到来时，能否立刻跳起来抓住。

找到真心想做的事时，是否能马上行动。

听取别人的劝谏后，是否能马上实行。

行动力决定一切。

“马上”这个词至关重要。获得他人的建议、学习新东西或是真心想要达成一件事时，你是否能在 10 秒内行动起来？这在很大程度上左右着你的人生。那些不能立刻行动的人在“这样……那样……”犹豫再三后，机会就溜走了。

10 秒钟改变你的行动力

包括我在内的所有人其实都有惰性。那些没有上进心的销售人员既不喜欢增加新的工作，又讨厌麻烦的活计，直到现状发生改变之前，都不希望惹什么麻烦，这就是人类的本性。

我学过各种各样的指导方法和心理学，也目睹了很多商业活动。在这些经历中，我发现了**“人类行动法则”**。

那就是当机会和信息来敲门时，**10 秒以内就能采取行动的人能掌控一切，而超过 10 秒仍无动于衷的人将一无所获。**

话虽如此，但我并不是鼓励大家都必须在 10 秒内行动起来。当大脑接收到信息、心里产生共鸣时，只要能在 10 秒内做出决断，决定“做！”的人，都算是行动力超群的人。

为什么说在 10 秒内行动起来会产生这么大的差异呢？

那是因为**行动受“惯性法则”的掌控**。

开始行动时必须要发力。而一旦迈出第一步，后面的行动就轻松多了。

把这件事想象成自行车或汽车就明白了。一开始启动时需要一定程度的动力。但如果已经处于开动状态，即使不发力也能顺利前行。从 0 到 1 需要能量，可是从 10 到 20、从 20 到 100 就不再需要那么大的能量了。

因此最至关紧要的第一道屏障就是开始的 10 秒。

让我们首先突破这第一道屏障吧。

本书会给大家介绍“**让人瞬间就能行动起来的方法**”。

本书教给大家的方法虽然简单，但是却能得到有效的结果。而这种方法是在下面这一点的基础上成立的。

转变“情绪”和“视角”

所谓视角就是指看东西的观点和立场。单凭这一点就能惊人地提升你的行动力、执行力以及实现梦想的速度。

为什么有 9 成人不能立刻行动起来?

人生其实很简单。

重复正确的思考和行动就会走向美好的结局。如果在人生的旅途中走上弯路、陷入困境、一蹶不振却无力改变，那么这些人大多是在想法和行动两个方面出现了问题。

也就是在错误的想法下做出了错误的举动。

想法总会层出不穷。

最难缠的其实是行动。

像安德鲁·卡内基说的那样，机会的到来对所有人都是平等的。这时最重要的就是**在 10 秒钟内抓住这个机会**。

“只要行动就会成功。抓住这个机会就会成功。机会一旦溜走就不知何时才能再来了。也许再也不会来了。”

很多人即使将这些道理了然于心也行动不起来。这样就会错过最重要的瞬间。

比如一个人想要“改变自己”，于是他开始读书、参加研讨会、学习新的知识、生活方式和诀窍，可是第二天他就把这一切忘个精光，又回到了往日的庸庸碌碌中。

为什么自己会沦为没有行动力的人？

怎样才能成为一个行事果断的人呢？

本书教给大家的方法就是解开这个谜题的钥匙。

为什么有了动机还是行动不起来?

对行动来说,“心情”比什么都重要。

可是大多数人却并不知道它的重要性。

当我说出“重要的是心情”时,会有很多人反问:“您指的是动机吗?”

当然,心情与动机是不一样的。

英文 motivation 被翻译为动机和对结果的欲望。

拿运动选手来说,“想获得优胜”“想赢”就是他的动机。公司职员的动机就是“今年想要做出成果”“加薪”;对经营者而言,动机就变成了“提高销售额”“想要上市”。

动机比较高涨,人们自然就会为了达成目标而行动。

但有时虽然动机是具备了,行动却没有跟上。

明明觉得“想要做出工作成果”“工作很有价值”,可是只要一点点小事就把干劲削弱了，一下子就变成了一件麻烦事儿。

做着自己喜欢的工作，可是却干劲全无，这样的人十分常见。

人的行动力并不是由动机支配的。

行动力是由“心情”决定的。不管“价值观”和“蓝图”多么明确，“心情”低落下来也无能为力。不管动机多么高涨，没有插上好心情的翅膀，所有的干劲都会消失殆尽。

相反，如果能保持良好的心情，就会发自内心地想要行动，也可以行动。不管是多难的障碍也能积极挑战，勇敢面对。

想要提高行动力，不只需要动机，还必须要控制“心情”。

改变不了视角的人会“死机”

另外还有一点非常重要，就是“视角的转换”。

当人无法行动、停止思考时，改变“视角”就可以轻松提升行动力。

“视角”就是看东西时的“观点和立场”。

本书中会为大家详细介绍这个问题，很多时候工作中的停滞都是因为过多考虑对方的反应而变得畏首畏尾。

例如有时候必须要向上司汇报，与上司联络。但是因为想象到上司的反应，担心“他会不会生气”等原因，心里感到不安而举步不前的大有人在。但是请大家想一想。

其实你在意的不是上司的反应，而不过是想保护自己不是吗？

从上司的角度出发，他希望部下能随时找他商谈，为部下解决他们的不安和问题，大体上这就是上司的想法。可是很多人都拘泥于自己的感受，无法理解上司的期待。

下面大家请花上 10 秒想象一下。

如果站在上司的立场，会如何看待作为下属的你呢？

想象上司的表情、姿势、态度、口头禅等，让自己完全进入角色。

*

怎么样？

这就是“视角的转换”。相信大家肯定能体会到上司希望你马上汇报的心情。将这份体验付诸行动会怎么样？

“还是马上汇报比较好。”

“姑且先联系一下也好。”

你是不是就会像上面那样想了？而且你的不安是不是也减轻了？

让人行动不起来的原因之一就是人际关系。比如人际关系发生对立和冲突或引起纠纷的时候，人就会自动死机、动弹不得。

但这种情况的起因往往是人们只从自己的视角看待问题，而没有站在对方的立场上吸取相关意见。假设有 4 个相关人员，就会产生 4 个不同的视角。

找准时机改变你的视角。

这样一来应该就能明白自己应该怎么做，以及周围的人希望自己怎么做。

从自己的视角中挣脱出来，以他人的视角看问题。

甚至可以从俯瞰全局的视角来看。

本书会为大家介绍一些良策，让大家体验多种视角，找到解决问题的方法。

本书并不是一本详细的技巧方法指导用书。

而是从指导理论、心理学的角度出发，面向行动的本质，让读者能够自发行动起来的一本书。

“只有具备行动力的人才能改变人生。”

常常有人这样说。

如果你缺乏行动力，什么事都比预定时间延后，或者常常拖到截止日期，那么请你完整地读完这本书。

关键词是 10 秒。

每一项都轻而易举。

如果这本书能助你改变人生，那么还有什么比这更令人高兴的呢？

◎目录

第 4 章　与结果息息相关！10 秒钟改变身边的人和事

第 5 章　10 秒钟接近目标的思维与行动的关键

chapter

1

Become aware

第 1 章

没有行动力的人有 10 个习惯

“提示”

没有行动力的人

有一些共同点。

首先要“认识”到这一点。

本章在学习

没有行动力的人

是如何做事的同时

还会为大家介绍解决方法。

没有行动力的人会习惯性地想出一些阻碍行动的理由

有些人总是在马上截止时才能完成工作，应该做的事总是一拖再拖，烦恼不断却不采取任何行动。

与之相反，另外还有一些人无论做什么都能立刻付诸行动，一点一滴做出成果。可以毫不夸张地说，这类人只需 10 秒就能做出决断，采取行动。

这两种人究竟有什么不同呢？

造成一些人行动力差的原因，在于他们会“习惯性地思考一些阻碍行动的理由”。就算是自己想要做、必须做的事，一旦到了要付诸行动的时刻就会踩下刹车。

想要成为一个有行动力的人，就必须要消灭那个给行动踩下刹车的“惯性思维”。

当然，这不像说起来那么简单。因为大多数为自己行动力差而大伤脑筋的人并没有意识到自己有这样的习惯。就算想要改变现在这个糟糕的自己，可是那种思维模式已经成为一种习惯，意识层面上的习惯不是那么轻易就能修正的。

因此，首先**认清自己的惯性思维显得尤为重要**。

“为什么找到一些自己想做的事，最终却什么都没做？”

“明明有些事不得不做，为什么却一拖再拖？”

诸如此类，让我们将这些问题一次性认识清楚。

本章要介绍的就是那些跟你一样行动力差的人都有什么共同点。

这并不是“借鉴他人，引以为戒”，而是来了解一下陷入同一个思维模式的人都有什么特征。

没有行动力的人习惯于让自己“死机”

在人行动力变差的情境中往往会出现“遭遇困难的时刻”。人们不知该如何应对时，两种想法会相互缠绕纠结，最终将行动终止。

“脑海中一片空白，什么都做不了。”

“明知这个也得做，那个也得做，可是就是行动不起来。”

“想法在脑海中来来回回兜圈子，却不知该如何是好。”

“向着解决问题的方向行动起来”的想法和“行动不起来”的想法对立纠结，于是就会陷入**“死机”（思考停止）的状态**。结果自然是不能采取任何行动了。这是思维叫停行动的典型案例。

这个时候我们应该怎样做?

解除这种“死机”状态的方法，就是**把自己内心相互对峙的各种想法全都写出来**。

“一旦失败，惹恼了上司该怎么办？”

“遭到投诉该怎么办？”

如此这般，将各种纷繁的想法都写下来。

将心中所想写出来的过程其实就是把思绪“掏出来”。让所有思绪一次性倾泻而出，这样就可以将头脑清空，客观地认清当前的状况和要做的事。

如果有很多想法，可以将它们写在便笺上重新排列。

对各种情况加以分类，并经过思考给它们重新排序，这样就会很清楚地明白自己内心中究竟是什么和什么在纠缠。

然后俯视这些问题，扪心自问：

“我究竟想怎么样？想做什么？”

“将问题解决之后我想怎么做？”

这样一来，首先可以明确问题解决后的情况（状态），也就是明确了目标。大脑可以在归零的状态下进行思考，没有任何的纠葛纷扰。

在此基础上，将不需要的便笺扔掉。大多数不安的情绪和思维都毫无意义，所以要将它们消除。

剩下的就都是需要做的事了。至于该怎么做、以什么顺序来做应该就不难整理了。

接下来要做的就只有付诸行动了。

这可以说是刚刚拾起行动力时的状态。

解除“死机”（停止思考）状态

①一旦“死机”，先将自己头脑中纠缠的情绪和想法写到便笺上。

②将便笺排开来看。调整它们的顺序并加以分类，就能看出究竟是在纠结什么。

③最后试着扔掉没用的便笺。这样一来情绪上的干扰也随着消失了。

行动不起来的人心里在罢工

人之所以会处在无法行动的状态，有时是因为心拒绝执行头脑发出的命令。虽然想要“努力工作，为公司做贡献”，可怎奈“工资少得可怜”，于是陷入了罢工、不愿工作的状态。

这样的情况下，首先必须改变这种“扭曲”的状态。

改变“扭曲”状态的方法就是好好对话。罢工一般都可以通过对话来解决。为什么说可以解决呢？因为大家都有一个共同的目的。

在现实社会中发生罢工一般都是有目的的，诸如希望涨工资或是提升劳动条件，等等。现在的工会一般并不想要将公司摧毁。

与此相同，你心底深处的声音并不是希望自己变成一个没用的家伙，而是希望变得更好才进行抵抗（罢工）。

对话可以解决一切。

真诚地面对自己的内心并与之对话，就可以将“扭曲”的状态消除。

首先，让我们先问一问自己内心深处到底有什么要求？

静静闭上眼睛，向自己提出一个一个问题。

如果心底吐露出“不想上班”的愿望，那么接下来就要问一问为什么会这样想，怎么做才能想去上班，等等，把这些问题全部问个一清二楚。

能够实现的就给它实现，实现起来比较困难的就找找其他解决办法。

总之最重要的是搭建一个与自己内心对话的平台。问不清自己内心的想法和要求是解决不了这场罢工的。

倾听自己的心声，就会弄清楚思想和行动相悖的原因。接下来只要将它解开就可以了。

没有行动力的人总是认为“只要有时间就能解决一切”

“啊，还有时间嘛。”

“一天有 24 个小时呢。”

这样的想法恐怕你也有过。没有行动力的人总是认为“只要给我时间，总会想出办法来的”。可是即使有了时间，等截止日期临近时你也还是这样想。

为什么会这样呢？因为没有行动力的人不明白剩余时间和推进工作的时间。

人生赋予我们的时间是有限的。将这个时间单位换成工作和项目也是同样的道理。有开始就会有结束。无论什么工作都有截止日期。

不应该用一句“时间不够没办法”推脱了事，而是应该在有限的时间里以求发挥最大的效果。

我能理解有些人觉得“还有时间”的心情。但这样分明是强词夺理，还是请大家放弃这样的念头吧。对于没有行动力的人，就算延长时间也是同样的结果。

那么究竟该怎么做?

首先从改变思维方式开始。

那些老是觉得时间不够用的人往往是这样的思维方式：只有这一条路可走→但是时间不够了。然后只得宣告放弃。其实这些人应该这样想：

时间有限，但对策无限。

这可不是单纯的乐天派。

其实对策确实是无限多的。想要做成一件事不止有一个方法。

做法不同，花费的时间可能加倍，也有可能会有大把的盈余。

有些解决方法费时费力，有些却简单迅速。因为时间有限，所以我们要找到更有效的解决方案并付诸实践。

因此最重要的是不要立刻采取过多的行动。

灵机一动后马上行动并不是不好。但是本来就已经觉得时间不够准备放弃了，这时如果再随随便便想出个对策马上就实行的话，失败的可能性会很高。

开始行动前，先花 10 秒左右的时间来仔细研究其他的解决方法。也就是说当解决方法渐渐浮上脑海时，先不要急着行动，而是应该好好想想该选择哪种做法。

解决方法绝非一个。就像登山的路不止一条，解决问题的途径也会有好多种。

没有行动力的人总是依靠“自己的力量”解决问题

想要可用的时间加倍，首先要丢掉一个想法，那就是“我要一个人努力”。很多时候人们行动受阻的原因就是“靠我自己总会有办法的，只是解决起来需要时间”。

必须自己解决

↓

不知道该怎么办

↓

姑且先把这个问题放一放吧

如此一来事情就变得棘手了，进而造就了一个没有行动力的自己。所以不可以这样。在这样的思维方式下，本来可以得到的成果也会变得无迹可循。

重要的是运用“自身以外的力量”，也就是所谓的“外力”。

大家记住以下“6 种外力”。

①人力

②物力

③金钱

④知识、信息

⑤技能、窍门

⑥其他

如果自己解决不了，先想想能不能借助这 6 种外力。下面让我们逐个分析。

①使用人力

“人力”指的是其他人的力量。当遇到自己做不到的事时，先借助能做到的人的力量。

· 工作中必须用到英语，可是自己不会英语 → 拜托会英语的人

· 想要拓展人脉，可是自己没有人脉 → 请人脉广的人为自己介绍

· 缺乏法律知识，找不到解决方法 → 咨询公司的法律顾问或律师

诸如此类。大部分的烦恼都是人力可以解决的。最终极的力量其实就是人本身。

②使用物力

“物力”就是指一切可供使用的物资。

自己解决不了的问题、需要耗费时间的问题都由物来替我们解决。就拿挖坑来说，10 个人拿着铁锹挖也不如一台挖掘机挖得简单迅速。

· 工作到很晚、不擅长计算处理→购买新的电脑和专业软件

· 看不懂地图 → 用地图 APP 来导航

· 想要舒适睡眠 → 寻找寝具

希望大家能养成这样的习惯，多想想“是否有能帮助我们解决问题的物品”。

③使用金钱

“金钱”就像标题里写的那样，要善用金钱。

现代社会是以货币经济为中心的世界。金钱可以改变任何东西的样态，所以很多时候金钱也可以解决时间和劳动力的问题。

在没有钱的情况下，找到出资人也是可以的。可以向银行借贷，也可以投资增值，还可以用现在正流行的众筹（从网上募集投资的方法）。

④使用知识、信息

“知识、信息”用起来。

现在这个世界里，知识和信息能创造价值，价值又会创造财富。书、杂志、辞典、事典、网络、图书馆、政府机关信息等所有的信息都能为你所用，成为你的力量。

⑤使用技能、窍门

想想接下来要做的事有没有什么技能、窍门。如果有就要去学习，如果没有时间学习，就要拜托掌握了这项技能、窍门的人来帮你做。

⑥想想其他可用的东西

“其他”就是①～⑤以外的方法。

用来充实自己或转换心情的兴趣、派对或酒会、购物、电视、电影、戏剧、卡拉OK、音乐鉴赏、冥想、坐禅、户外运动、文艺等，这些间接为你提供力量的东西都被归类到“其他”中。

经常有意识地注意这6点，就不会有行动不起来的问题。总会在某一点中找到解决问题的头绪。

使用“6种外力”！！

①使用人力

·接受别人的协助，如安排下属工作等。

②使用物力

·使用工具工作，如使用电脑软件等。

③使用金钱

·能用钱解决的问题就用钱来解决。

④使用知识、信息

·善于收集信息，改变自己的时间安排和行为。

⑤使用技能、窍门

·学习技能、窍门，灵活运用。

·如果没有时间学习，就使用人力。

⑥想想其他可用的东西

·活用其他一切方法。

没有行动力的人会因为三种不安而“死机”

很多人行动不起来的很大一部分原因来自“不安”。当我们做一件事却没有成果，或是屡战屡败时就更是不愿意做了。

处在这种状态时，思考和行动都会陷入“死机”，也就是所谓的思考停止状态。

没有行动力的人大多数是陷入了不安的境地。首先请大家认清，思考和行动停滞是由以下三种不安造成的。

①陷入过去的不安

②陷入未来的不安

③陷入现在的不安

①陷入过去的不安

“陷入过去的不安”是指被过去的失败经验拖住脚步、无法采取行动的状态。

“试过但是失败了。”

“被老客户严厉地斥责了。”

这些失败的过去不由得涌上心头。

“不顺利”的想法支配了内心，所以无论做什么都会唤起过去的记忆，根本无法想象自己可能“顺利完成”。因此很容易妄下定论，觉得下一次肯定也会很糟糕。

没有人会在觉得做不好的同时还能做得下去。因为大脑已经向全身发布了“不会成功”的指令。

②陷入未来的不安

“陷入未来的不安”是认为今后肯定也不能成功的一种状态，并且会对失败的结果展开乱七八糟的想象。

过去有着较强成功体验的人有时也会对失败产生过度的不安心理，于是被不确定的未来困住了手脚。

“遭到索赔怎么办？”

“赶不上交货期限怎么办？”

“日程表来不及了怎么办？”

总而言之就是不停地朝着更坏的方向想象，畏首畏尾，陷入所谓的消极情绪当中。

未来就像这个词写的这样，是“尚未到来”的，没有必要杞人忧天。如果产生了不好的想象，那就想出对策来采取行动，以消除不安情绪。

只想不做，唯有“死机”这一条路了。

③陷入现在的不安

“陷入现在的不安”是指现在发生的事中有某个部分正困扰着你，甚至让你感觉似乎这就是生活的全部了。

“某个部分”是指：

- **自己做不到的事或无法顺利进行的事**
- **失误、失败以及令人不满意的结果**
- **内心的消极情绪**

现在呈现在我们眼前的结果是过去的行为产生的结果。如果被这个结果缠住不放，感到不安，就无法踏出开辟未来的那一步。

让你裹足不前的一定是这三点中的某一个。请你一定要认清自己究竟是陷入了哪种类型的不安。

哪三种“死机”状态？

对过去不安的
“死机”状态

对未来不安的
“死机”状态

对现在不安的
“死机”状态

没有行动力很大程度上都是因为这三种不安。

没有行动力的人对自己丧失的信心置之不理

人本来都是意气风发的。这种激情就是人与生俱来的活力，也就是相信“自己的未来 = 可能性”后采取行动的能量。人有自信才能精力充沛，反之就会变得无精打采。

嗷嗷待哺的婴儿就是朝气的化身。

没有哪个婴儿会自问自答：“自己真的想要吃奶吗？”他们对于想要的东西毫无疑问，永远精力充沛、自信满满。

但是时间一天天过去，人都会渐渐成长，在诸多的经历中人人都会有成功，也会有失败。在经历痛苦的经验和艰辛的体验时，能够想得开，用“原来还有这样的事啊”一语带过。当再次挑战时，无论成功还是失败都不会丧失热情，这样人才能变得自信。

但是，如果只经历一次失败就体验到了极其艰辛的打击，心中就会想：“如果没有做这件事，就不会遭这个罪了！”在心底里认为“行动＝危险”就难办了。

将激情的出口用盖子封了起来，于是人就变得没有行动力了。

若不把激情夺回来，一直裹足不前，那么不管过去多长时间都没有办法将失败扫地出门。也因为如此，失败在心里的阴影就会变得越来越庞大。

“我一定会失败。为什么这么说呢，因为过去我都是这样屡战屡败、从百分百的失败中一路走来的。”

从概率上来讲，一般都是经过多次挑战后才能得到正确的概率，但若没有足够的行动，心里只会固化一个不完整的概率。

不知不觉间变成了一个“失败信徒”，丧失了自信。

没有自信就无法为自己的未来积极行动起来。从此负面螺旋加速旋转，变成一个没有行动力的人。

眼睁睁看着自信溜走，害怕失败，无论做什么都会受到限制，最后生活变得越发艰辛了。

没有行动力的人在风险规避上过于谨慎

未来的别名又叫作可能性。

可能性的意思就是什么都可能发生，虽然算是一个中立的词语，但考虑到未来陷入危险的可能性，这个词也可以用“危险性”来代替。

这就是所谓的“风险”。举个例子来说，股票增值或贬值的波动就是“风险”，即“价格变动的可能性”=“股价上升的可能性”=“股价下跌的危险性”。

重点是没有风险的事情是不存在的。

那么该如何判断风险呢？人会观察过去的实绩和未来的预期，将二者综合比对。无论是什么样的信息，人类都习惯以它为基础来进行判断。

因此，**对风险的感知会被人的心情和意识状态所左右。**

当人心态比较乐观时，就会觉得朝好的方向发展的可能性比较大，坏的可能性比较小。而陷入悲观时就会觉得好的可能性比较小，坏的可能性比较大。

悲观情绪和不安感比较强时，就会把事态恶化的可能性放大，产生过度规避风险的行为。下面是几个过度规避风险的例子。

·现在的生活明明已经非常清苦了，却还是要存钱。

·甚至压缩生活费去买人寿保险。

·总认为自己会遭到背叛，不肯向别人吐露真心。

·一般会同时跟好几个人谈恋爱，保证自己随时被甩也不会沦为单身。

如果情绪一直十分消沉、悲观，这种过度的风险规避就会变成一种生活常态。而造成这种过度风险规避的原因就是没有采取任何行动。

这就像是一个深受肥胖折磨的人，讨厌适度的运动、饮食以及规律的生活，却为了健康和美丽吃很多的药。

如果只能意识到风险却不行动起来，不安感就会渐渐扩张。

没有行动力的人总是误解“一而再，再而三”的含义

“一而再，再而三。”

这是一句俗语，可是有很多人却误解了它的含义。

他们认为这句话的意思是：“如果失败两次，那么下一次肯定也会失败。”或是“都已经失败两次了，肯定会一直持续失败下去”。

但是，这句话真正的含义其实是这样的：

“发生过两次的事很可能会发生第三次，请大家一定要为此做好准备。”

这其实是一句劝诫大家的话。我们都会有失败的痛苦回

忆，失败一次并不代表一定还会失败。很多人听了知名企业家福岛正伸先生（股份公司 Entrepreneur Center 董事长）的演讲都会重拾激情，他曾在演讲中说道：

“人生中有的不是成功与失败，而只有成功与成长。”

这句话说得分毫不差。失败不过是面对经验的一种看法。就算在别人眼里失败至极，你却从中学到了经验，如果下次能够将这次经验结合起来就是巨大的成长。

也就是说，人生没有失败。

有的只是成功和成长。

就算感到了失败，只要不再过多被它牵绊，而是转身向前，想出下一次不再失败的对策，也就不会心有不安了。

没有行动力的人总是认为“还有 × 个小时呢，没关系”

乐观是一件好事。与其哀叹“没时间了”，还不如觉得“还有 × 个小时呢，没关系”，这样想更有益于身心健康。

只是这里有一个陷阱。虽然看上去是一个乐观的想法，但事实上有时不过是拖延行动罢了。

你有没有因为到期限前还有一段时间就拖拖拉拉的呢？

“没关系呀。真是麻烦。还不知道怎么办呢。”

如果从自己内心深处听到这些声音可要高度注意了。希望大家能够无视这些拖后腿的话，好好面对自己的情绪。

喜欢拖延的人对工作没有任何展望，这是他们的一大特征。

就算知道必须完成的期限，也想象不出工作整体应该如何进行。只想着“到期限以前还有时间”，把思考和行动全部叫停。

此外，这些人还不能理解时间和质量之间的关系。同样是完成一项工作，短时间内草草打发和花上时间精雕细琢的结果，在质量上肯定是有差异的。

工作拖延导致赶不上期限的危险性急剧升高，即使很多时候勉强守住期限，但是质量却很差。

如何才能戒掉这个坏习惯呢？

首先，对于那些有拖延症的人，不只要给他们规定一个截止日期，还要规定一个起始日期。一项工作有了起始日期和截止日期，就可以在一切都来不及之前开始工作，并能把握工作进展和整体情况。

“不用不用，这简直是小菜一碟，先放放也不要紧的。”

可能有些人是这样想的，如果真是那么简单，那为何不现在就做好呢？

事实上，被人们拖延下来的工作大多数是一些只要动手马上就能完成的事。如果能快速结束战斗，以后的时间就可以从这一课题中解放出来了。

然后也自然可以开始着手下一课题了。

很多事如果早点开始明明可以很顺利地处理好，可是有些人偏要一拖再拖，等到时间非常紧张了才开始动手，结果时间到了，任务也没有完成。

不要让自己后悔。及早开工才不会超时。请大家在决定截止日期的同时也一并定下起始日期吧。

chapter 2

Learn

第 2 章

10 秒钟就行动人的思维方式

“学习”

下一步我们要做的是
将那些能立即行动的人的思维方式
变成我们的囊中之物。
行动力强的人
也有一些共同点。

本章要学习那些行动力强的人
的思维模式
并对他们进行模仿。

10 秒钟就行动的人明白“一旦开始了，后面就很轻松”

行动力很强的人都明白“一旦开始了，后面就会很轻松”这个道理。

从过去的经验中，他们一直反复有着这样的体验，就是“只要行动起来了，以后总会有办法的”。

行动力就像滚雪球一样。

滚雪球一开始也要捏一个饭团大小的雪球吧。然后将这个雪球在雪地上滚来滚去，就会渐渐沾上好多雪，瞬间变成一个大大的雪球。

行动力也是如此。大大的雪球第一眼看上去可能非常显眼。但是开始时只要一个小小的雪球就可以了。就算是个小雪球，一点一点滚起来也会变得越来越大。

现在的你使用起中文简直不费吹灰之力。听和说都没有任何障碍，阅读很难的小说和网上的新闻也都不在话下。

但是当你还是个小学生时，能知道多少词呢？

又能认识多少汉字呢？

如果当初没有开始学习，想必就不会有现在的你。

就算一开始什么都不会，只要一点一点地坚持学习，就能成就现在的你。

“只要行动起来，之后总会有办法的。”就是因为在行动之下，我们自身和所处的环境都会随之变化。

原本看起来难如登天的事，只要行动起来，困难程度也会有所减轻。

如果不行动，自身没有任何变化，只有环境在变，那么困难度说不定会增加。事情也会变得更加烦琐难缠。

与其如此，不如迈出一步，让自身和环境两方面都有所改变，问题也会更容易解决。

10 秒钟就行动的人会按照脑海中勾勒的“示意图”来行动

有些人大脑飞速运转，工作干干脆脆，成果是别人的好几倍。

他们的特长是虽然行动量很大，但是却看不到他们胡干蛮干。就算是第一次接手的工作，他们也一定是找到重点后再行动。为什么他们能做到这一点呢？

能做到这一点的人**通常会在脑海中勾勒所谓的“示意图”**。

对于“示意图”，有些人会把它落实到画或者地图上，有些人会在脑海中想象，还有些人会写下便笺或用文字记录下来。其形式多种多样，总之他们就是参照这种叫作“示意图”的东西开展工作的。

“示意图”必须要包含“起始地”“行程”“目的地”三项。

在“示意图”的空白处还可以记录其他途径的信息。如果当初决定的路行不通，还可以有选择的余地。

另外为了对目的地加以考量，还要拓展目的地的范围，这就是“示意图”。

人们常说“决定目标很重要”，但决定目标后如何达到却是未知数。**正因为如此，勾勒出通往目标之路的“示意图”才尤为重要**。

下面给大家讲一个指导会上的实例。

唱作人须和纯子的目标是“成功举办一场千人规模的演唱会”并“向世人传达爱的歌曲”。虽然她确实也采取了实际行动，但是无论如何都没有动力，为此十分苦恼。

问过之后我才知道，原来她现在只忙于应付眼前的具体工作，之前制定的日程表并没有派上用场，因此一直没有动力涌现，也完全看不到达成目标之前的过程。

于是我为她制定了日程，明确了从现在开始半年内的

“示意图”。

将长方形会议室正中央的一条直线定为时间轴。中心就是“现在”，前面那一端是“未来”。后面那一端代表“过去”。

首先我让她将“过去”到“现在”按照一条直线走过来，回忆过去半年里的事，并细细回味。在此基础上，我问她：

“这半年过得怎么样？”

“过去半年我做了很多事。见到了很多客户，也有了新的商业伙伴。”

接下来，为了让她描绘出之前“向往的蓝图”，我请她从“现在”走向“未来”，一直走到半年后的位置，然后问她：“都发生了什么？或者说你希望发生什么？把你想到的全都说出来吧。”

“半年后，我会在超过300人的听众面前唱歌。”

“如果做到了你会是什么样的心情呢？”

“会非常有成就感！”

她目光炯炯地说出这番话。然后我让她将达到这个目标的过程，无论大小统统写下来，做成一个像日程表一样的东西。于是这个包含目标和过程、甚至包含其他可能性的全局鸟瞰“示意图”就做好了。结果是她又恢复了动力，从眼前的工作先做了起来。

这次会面后过了半年，她在缅甸最大的城市仰光的舞台上，在 50000 人面前演唱了自己的原创歌曲和缅甸语传统歌曲。观众不止 300 人。她果真实现了自己“向往的蓝图”。

拿着通往目标的“示意图”，确实可以让人尽快到达目的地，而且会比想象中到得更早。

在脑海中画好“示意图”就可以行动了

10秒就能行动的人……

会为全局画一张“示意图”

重要的是让看不到的东西“可视化”

“可视化”决定行动力！

10 秒钟就行动的人会思考，但不会烦恼

10 秒就行动的人虽然会思考，但不会烦恼。反而是那些没有行动力的人动不动就烦恼起来，这也是他们的特征之一。

“我在烦恼今后的工作到底应不应该继续。”

如果在普通的日常对话中，你会经常使用“烦恼”这个字眼，那可要注意了。

帕斯卡曾说过：“人类是思考的芦苇。”是“思考的芦苇”，不是“烦恼的芦苇”，这一点非常重要。

“思考”和“烦恼”是两个很相似的词，但是意思却截然不同。

“思考”是使用有逻辑的思维方式，为了解决问题而开动脑筋。

“烦恼”是无法跟行动相结合的想法。虽然也是为了寻

求解决之道而思考，但是既得不出结论，也无法跟行动挂钩。

而且自己往往还错把烦恼当作“思考”。

那些容易烦恼的人如果发生下面的事，马上就会烦恼起来。

①沉浸在消极情绪中。

②得不出结论，一直兜圈子。

③对做不到的理由追究到底。

④跟别人商量，却不能有效利用别人的建议。

⑤得出结论也不行动。

只要发生以上问题，妥妥地就会陷入“烦恼”中。

反之，如果做下面这五件事，就可以从“烦恼”中解脱出来。

①沉浸在积极情绪中。

②就算是假设，也要得出结论。

③对“怎样才能做到”刨根问底。

④自由取舍和选择别人的建议。

⑤得出结论就行动。

经过**这五个步骤，就是所谓的“思考”**。

如果经过思考得出结论，剩下的只要行动就可以了，但是那些容易烦恼的人会一直把行动延后，不断重复商量的过程。

这样的人似乎爱上了烦恼。他们先姑且跟很多人商量，然后将反馈的意见再说给别人听，问别人：“那个人是这么说的，你觉得呢？”就这样不断反复地和他人商量。喜欢算命的人也是这样，他们会问好几个算命先生，抽签也要抽好几次。

如果你陷入了这样一个循环，请客观地看一看自己的情况，看完后立马就会明白。

然后，想要改变一味和他人商量的自己，请用心实践前面列举出来的“思考五步骤”。

10 秒钟就行动的人不会想着“失败”

“为了失败，我要全力以赴！”这样心胸宽广的人一个也没有。人人都可能会失败，但是以失败为目标的人应该是不存在的。

这不是废话嘛……可能有人会这样想，但是有很多人一门心思只考虑失败的事也是不争的事实。

人是会朝着自己下意识的方向前进的。

有时候走在路上，为了避开迎面走来的人而注意他的动向，结果反而撞个正着，这样的经验相信谁都有。这正是因为人会向着自己注意的方向前进，不自觉地靠近对方。

成功和失败也是一样，如果不停想着失败，就会靠近失败。反之如果不断想着成功，就会靠近成功。

一点点地行动起来，总是一帆风顺的人一般都下意识地

理解这个法则。不考虑失败，只想着成功，一切都会顺利。

大家不妨试一试这个法则。

我们要彻底贯彻“为了成功而行动”的思想。

请大家尽情描绘自己获得成功后高兴得忘乎所以的场面，确认自己想将那份成功拥入怀中。至于用什么方法来行动还要再行商讨。

想要获得成功，方法应该有很多，所谓条条大路通罗马。接下来就让我们想想在这些方法中哪个才是最好的？还有没有更好的妙计？还有没有更有效的办法？然后将这些想法都记录下来。

怎么才能获得成功呢？我们要在探索 How 的路上继续坚持。

这样一来自然没有闲暇去考虑“失败”。向前想就是怀着乐观的心情，无论遇到什么问题都能向前进。

即使这样，“失败”二字也会不经意间涌入脑海，带来不安的情绪。其实这可以说是你的心灵传感器捕捉到了某种证据。怎样才能避开失败呢，大家赶快想出好主意吧。

如果看到了通往失败的路，就要想一想如何才能回避开来。

这时只要想想如何才能成功，想到办法后马上实行就可以了，完全不需要思考失败的事。要让自己的意识始终偏向不会失败的方法。

爱迪生为了找到灯泡的灯丝材料，经历了无数次失败。但是他却认为自己“成功地找到了无数不适合做灯丝的材料”，丝毫不气馁。

正因为如此，在找到适合的材料前他才能坚持不懈地研究下去。

我们的人生也是如此，**要有不到成功决不罢休的勇气。**

10 秒钟就行动的人明白现在的不安只要当下解决了就好

感到不安时，谁都希望能尽早把它消除。

行动力强的人不会将不安拖延，而是一定立刻将其击溃。

“拿不下订单怎么办？”

“提案被驳回怎么办？”

如果你只是担心这些，就请认真地想一想：“如果真的迎来了悲惨的结局，到底会怎么样？”尝试一下模拟实验。

首先，请想象最差的情况。

如果拿不下订单会怎么样？为了这个提案付出的时间或许全都白费了，上司可能会很失望。如果很难达成预算，那么就必须想想挽回的方式。退一万步说，就算没能达到预算又能怎么样？可能会影响业绩考核，奖金变少。

请大家体会一下，如果像以上所说的这样朝着不好的方向一步步前进，最终会到达一个什么样的境地。请细细体会。

“话虽如此，不过也不至于一路发展到那么差的地步吧。”

想必大家心里就会涌起这样的想法了。

想通后请大家喊一喊、伸伸腰，转换一下心情吧。

接下来，请想象最棒的情况。

体会一下如果订单谈妥了，发生的全是好事会怎么样？订单谈下来之后，交货期也很宽裕，而且还有追加订单，上司甚至会让你去担任新项目的主管，中期业绩评定为优，奖金大幅度提升。加薪、升职一个都不能少，真是一帆风顺。

请大家细细品味这样的感觉。

“话虽这么说，但怎么可能这么顺利呢？”

随后就会这样想了。

有了这一层感受之后，请大家还是伸伸懒腰，转换下心情吧。

最后，请想象一下挽回的方法。

现实中哪种可能性比较高？分歧点是什么？如果一开始的分歧点是没有谈成订单，那么挽回的方法是什么？诸如此类，让我们进行一个两步甚至三步的模拟实验。

从目前所做的模拟实验来看，应该已经可以从这一步开始具体研究自己能做的事了。

与其单纯地为能否拿下订单而不安，还不如想一想现在能做些什么让订单拿下的把握更大一些，如果订单没有拿下该怎么做，这样如果有了备选项和事后对策，不安情绪就会消除。

在一个接一个的模拟实验中，最重要的是转换心情。
先想象悲观的情况，然后思绪一转，再想象乐观的情况。
就像这样每次都换一个心情，来做模拟实验。
为了转换心情，可以大声喊出来或是伸一伸腰，另外还建议大家可以站起来稍微踱上几步。

只想不做就会滋生不安。

行动起来，改变自己和环境，这样令人不安的状况就会发生改变。对全新的自己和环境来说，又会出现新的课题，原本的不安就消失了。对待新课题时，只要行动起来就不会有陷入不安的烦恼。

想要解决不安，行动是首选。

10 秒钟就行动的人知道“行动迟缓会加重不安情绪”

10 秒就行动的人知道“行动迟缓会加重不安情绪”。

一项工作就算做完了，也不代表就已经结束了。在工作中总会衍生新的工作。

通常只要在新的工作到来之前按部就班地处理，等到工作完成都不会出什么问题。就算有新工作出现也不会觉得苦不堪言。但是如果完成工作的节拍慢了下来，那么接二连三的工作就会堆积如山，最后怎么做也做不完了。

在商业世界中，行动迟缓是致命的。如果不在恰当的时间着手工作、严守工期的话，只会不断地积压工作。

拿我自己来说，我喜欢买书，习惯抓到什么就买什么。

因此读书的速度非常慢，而因为我这糟糕透顶的速度，导致自己没有读完的书堆积如山。

工作也是一样，如果不一点一点做下去，可能到最后自己的房间连下脚的地方都没有了。希望大家能重新将“行动迟缓会加重不安情绪”这句话铭记于心。

将截止日期放在心上，决定一个起始的期限，怀着愉悦的心情持续地行动下去吧。

10 秒钟就行动的人很重视每一小步

“脑海中勾勒得非常美好，可是现实情况却没那么顺利。”

你是不是也有这样的感受呢？

大部分人应该对这句话感同身受吧。所以才会有人一直告诫我们：“别做梦了！”“面对现实吧！”听到这些话后，人们可能就会觉得“确实是这样，还是得面对现实啊！”

但是，请等一下。

对于那些坚持不懈、大有所成的人来说，梦想是非常重要的。所有的一切都是从梦想开始的。

梦想着飞上天空而发明了飞机的莱特兄弟，想着“如果地球是圆的，那么转到大西洋的另一侧应该就是印度”而开始航海的哥伦布，大家一开始都是勾勒出一个“令人神往的蓝图”才开始行动的。

而且，飞机不是一下子就飞了起来，印度也不是一眨眼就能到达的。

无论成就多大的人，一开始都是从小事做起的。

都是从自己一个人画设计图、筹集资金开始的。日本的大企业创始人也是一样。一开始，大家都是从伙计、学徒做起，心怀梦想努力学本事，然后从一家小小的商店做到世界级的工厂。

从小事做起，而在此之前还要描绘出一幅自己“想要的样子”，并在心底保有一份“绝对不可替代的价值观”。

就算有人当头一喝，让我们“面对现实吧！”也没有关系。

是的，那就让我们从现实中可以实现的事下手，这是为我们加油的讯息。

“罗马不是一天建成的。”

“千里之行，始于足下。”

就像这些俗语中说的那样，想要实现大的梦想，先要找到那一小步，将这一步移到现实中去实现才是最重要的。

请大家找一找现在就能迈出去的一小步。相信应该是非常简单的一次行动。

· 去图书馆查资料。

· 在网上检索关键词。

· 约见掌握有力信息的达人。

· 随便问一问到底谁知道有力的信息。

想要实现自己“向往的蓝图”，第一步做什么都可以。

每次只做一点简单的、小小的、力所能及的事。尽可能将行动分解成很小的部分。要问分解到多简单、多小，我想就请大家分解到“即使发着 39 摄氏度的高烧也能做到”的程度吧。

也就是说，从绝不会失败的事开始。迈出无论如何也不会失败的一小步。

如果“要去图书馆”，那么就先“查查图书馆的开馆日”。为此应该“先打开电脑。”

就像这样将行动分解成很小的部分。

实现伟大的梦想需要踏出第一步。为了踏出这一步，就让这一步是很小的一步。找到之后，再把这很小的一步分解成更小的第一步。

我们的行动都是由细分后的“小步行动”累积起来实现的。小小的行动积累起来，就会实现大大的梦想。

也就是说，只要做很小的事就可以了。如果是一件小事，我们肯定做得到。因此，大大的梦想也一定会实现。

10 秒钟就行动的人会将过程分解，简化行动

想要找出“小步的行动”，简化思考非常重要。

思考时将过程细分开来，然后将每一个分开的步骤都想得简单一些，就能找出“小步的行动”了。

下面为大家介绍思考课题和问题时的六个步骤。

步骤 1，问“具体是什么？”

眼前的课题、宏大的梦想和阻碍重重的难题，所有的课题、问题都由好几个要素纠缠在一起呈现在我们面前。

正因为如此，我们才要问一问“具体是什么问题？”“具体是哪里在困扰我？”将事物的本质分解成具体的形态是非常重要的。

这时要灵活运用“5W2H”。

Who（是谁、把谁、为谁、对谁、从谁开始……）

What（是什么、把什么、为什么、向什么、有什么……）

When（什么时候、从什么时候开始、到什么时候结束、过去、现在和未来的什么时候……）

Where（在哪、从哪、去哪、到哪、在哪附近……）

Why（为什么、怎么回事、理由是什么、动机是什么、原因是什么……）

How（怎么样、怎么做、如何、什么样的、方法是什么……）

How much（多少钱、多大量、多长、多宽、数量是多少、成本是多少……）

一切事物都是在具体的情况下发生和变化的。如果只根据第一印象或是想当然的信息进行处理，就捕捉不到问题的核心。为了简化思考，具体操作十分重要。

步骤 2，问问“其他还有什么？”

这个问题要跟“具体是什么？”的问题组合起来。这样做可以加深对课题和问题的理解。对某些部分有较深的理解之后，为了确认其他地方是否有遗漏，要问一问“其他还有什么？”

步骤 3，问问“主要问题是什么？”

用“具体是什么？”“其他还有什么？”等问题让问题的全貌更加清晰明朗后，会有很多具体的事物和现象集结到一起，或许让你觉得无从下手。这时请展望全局，想一想：

“主要问题是什么？”

“到底发生了什么？”

“问题的核心是什么？”

这样一来，问题的核心部分就会从具体的信息群中浮出来了。

不过若是在看到任何具体信息之前，就开始思索“主要问题是什么”，想必得到的答案也不过就是自己的第一印象或是想当然的想法。

简化行动首先要将问题落实到具体范畴，还必须抓住事物的核心。只有按照这样的顺序脚踏实地，才能捕捉到事物简单的一面，从而在行动中走出一条简单的路。

步骤 4，想象问题解决后的状况

明白了“主要问题是什么”以后，如果找不到解决问题的对策也不要慌张。如果慌慌张张地随便找了个对策应付了事，那么此前所有的步骤全都白费了。

但在这一步找不到解决办法也是理所当然的。因为至今我们都还没有开始思考关于解决问题的方法。现在还处在了解情况的阶段，所以就算找不到解决方法也不需要感到不安。

这个阶段应该做的不是唐突地寻找解决方案，而是要思考问题解决后的状况。不要冲动地去寻求方法是很重要的。

抓住问题的核心后，思考“该如何解决这个问题呢？改善之后会变成什么状态？”

这才是现阶段应该考虑的问题。如果不知道问题解决后的状态就一味地琢磨、讨论，那么很容易陷入一个死循环。就像一场没有目的地的旅行一样。

请大家认真想一想问题解决以后会出现什么样的状况。

“客户成了我们公司的忠实粉丝。”

“从客户那边得到像山一样多的条件优良的订单。”

“在职场平步青云，得到了总经理的赏识，在职场举杯欢庆。”

诸如此类，请大家插上想象的翅膀。当你有更深层的体会之后，试着像下面这样想。比如“从客户那里收到一封条件很好的邮件”，早上打开邮箱，“咦！”真的收到了一封让人简直不敢呼吸的条件优良的邮件，电话一直响个不停，工作现场大家都围绕在你身边，喧闹的声音都要溢出来了，传真纸也一直不停地冒出来，等等，请大家将五感全部开动，展开一场栩栩如生的想象吧。

步骤 5，“为此能做些什么？”

体会到问题解决、达成“向往的蓝图”后是什么样的体验之后，接下来就可以开始探索自己能做的事了。

到了这一步才算真正开始思考解决问题的方法。做法是无限的，大家可以把能想到的都写下来。一边问自己“具体怎么做？”“其他还有什么办法？”一边将具体方法记录下来。

看着自己写出的诸多方法，对比着“向往的蓝图”，选出一个最好的方法。

如果实施了这个方法会向着怎样的方向发展？一直到“向往的蓝图”真正实现之前，请大家将每一个步骤都记录下来，进行一个模拟实验。

步骤 6，“第一步是什么？”

知道如何实现“向往的蓝图”后，请大家问问自己为了实现理想的第一步是什么？

第一步也叫作“baby step”（婴儿步）。给人的印象就像一个婴儿在蹒跚学步。只要能迈出这样的一步就可以。

“婴儿步”之后会渐渐演化成触电舞一般魅力四射的舞步，最终一决胜负，实现“向往的蓝图”。

希望大家都能找到决定胜负关键的“婴儿步”。找到后马上行动起来。

10 秒钟就行动的人非常珍惜清晨时光

清晨，人的疲惫在睡眠中已经被消除，正是在头脑中整理前一天获得信息的清醒时刻。这时人正处在一个似梦非梦的状态下，最适合用来描绘“向往的蓝图”，引出心底深藏的讯息。

一流的经营者每天都会利用清晨的时间冥想，将心灵放空，与自己对话。这是一个没有任何人会打扰你的时间，如果能静静给自己一点时间冥想真是再好不过了。

有些人可能不知道怎么冥想，如果不想大费周章，每天早上当你从睡梦中醒来，只要微闭双眼，静静地深呼吸就可以了。

如果能回忆起梦中所见，请大家仔细回味。

然后若能从中提炼出信息、找到人生指南，请一定记录下来。之后想一想自己未来究竟想要什么。然后慢慢起身，洗脸提神。只要做到这样就足够了。

早上的时间是一天中最宝贵的。正确使用早上的时间会让你一整天都过得非常有效率。

比如说，早饭前后快速确认一下全天的计划会对你很有帮助。10 分钟也好，15 分钟也罢。请大家按照以下顺序来确认自己的计划。

①描绘出如果没有任何限制时，自己想要过什么样的生活（“向往的蓝图”）。

②描绘出今天一天结束的时候，自己想要以什么样的心情来感受什么样的事。

③为了迎接这一天的结束，请写出“今天应该做些什么”。

④拿出日程表，看看自己本来今天是否和人有约，然后确认“今天应该做些什么”。

然后开始吃饭，准备出门。

因为已经确定了一整天的行程，因此不会有无谓的行动。

而且你是在自己“不可动摇的价值观”和“向往的蓝图”基础上确认了一整天的行动，所以一切行为都会与你的价值观和蓝图相关联。

每天一小步一小步的行动，都是为了实现你“不可动摇的价值观”和“向往的蓝图”所迈出的坚实的一步。

每天只要花上 10 分钟、15 分钟的时间，就会让你的一天熠熠生辉、焕然一新。这仅耗的一点时间会为你的 24 小时加上杠杆。每天清晨的 10 分钟、15 分钟就像炒饭里加入的那一点儿盐和胡椒，抑或是烤鳗鱼中加的山椒。无论如何请大家一试究竟。

10 秒钟就行动的人认为“所有人的能力都是相同的”

“那个人有能力。”

“想要能力强的人才。”

“还没有发挥出我的能力就被调走了。”

诸如此类，我们在工作中总是会提到有关“能力”的话题。

有能力的人和没有能力的人、能力强和能力差的人。如果能客观评价人的能力，那么人事部门可要乐开花了。世间有很多分析能力的方法，可是却很难预测经过长时间的磨炼后人才的成长和业绩。

不过不管什么样的能力，都是以实践中的发挥来展现的，所以谁也不能笼统地测量所谓“那个人的能力”。

10 秒就行动的人不会在意自己有没有能力。

因为就算在意也无计可施。

能力这个词，未免太过笼统了。

10 秒就行动的人总是会考虑具体的情况。

首先从“向往的蓝图”逆向思考，想一想哪种能力是必要的。

先将“向往的蓝图”一点一点描绘出来。这样就可以知道实现和达成后是什么样的感受。这时需要大家思考的是，如果想要实现这样的蓝图，需要发挥什么样的具体能力。

如果希望成功举办一个 10 万人规模的活动，那么想要实现这个活动都需要什么能力呢？请大家仔细想一想。

是否需要跟相关人员搞好关系？

能不能构建一个整体的计划？

是否具有煽动所有人的营销手段？

对工作人员的领导能力是否具备？

筹集资金方面有没有问题？

请将自己想到的一切关于实现“向往的蓝图”所需的能

力都写出来。

接下来请写出工作以外能让自己享受人生所需要的能力。

想必每个人都能写出好多。然后请大家除去今后自己未必用得上的能力，再除去现在自己已经具备的能力。

可能在剩下的选项中有一些自己也搞不清楚，不要紧，只要在其中选出自己必须具备的能力和自己想要的能力。

再选出“马上就需要的能力”和“想要获得需要时间，所以最好现在就开始行动的能力”。

走到了这一步，想必大家都绞尽了脑汁。现在需要大家思考的是为了获得这种能力，我们当下都能做些什么？想出现在马上就能采取的行动后迈出第一步。

想到这，就只剩下执行了。大家放开手脚去实现吧。

与其烦恼自己有没有能力，还不如从“向往的蓝图”中找到自己必需的东西，确定第一步后付诸实践。

10 秒钟就行动的人会“先试试看”

当我还是一个职场新人时，记得我们公司教育我们要“边走边想”。不同的公司都有自己独特的文化，有的是提倡大家“想好后再行动”，有的则希望大家“摸着石头过河”。

行动力强的人明白“先试试看”的价值。

我学习培训指导时曾听到平本昭雄先生（Team Flow 股份公司董事长）说过这样一句话：“**就算只能做到三成也无妨，但是一定要用五倍的速度来行动。**”

一些大企业告诉员工“只要做到三成就可以”，但是不可能告诉客户：我们的商品只有三成左右的品质”，这个说法是针对个人的一个指针，是个非常有效的方法。

“先试试看”其实就是细分后的一小步。

如果不肯细分，而是硬要采取较大规模的行动，那么可能不管过去多久都行动不起来。但如果有发烧 39 摄氏度都能做到的一小步，那么与其什么也不做，倒不如试试看。

试一试后，如果发现有什么不对也可以及早撤退。

尽可能将行动细分到最小的单位，先试试看。

比如学习会计或外语时，可以先看看简单的入门书，或是去网上查一查，总之要先做一些马上就能上手的事。

几年前在我们公司附近有个面馆，里面所有的店员都是缅甸人。怀着对外国的憧憬和想要学习外语的潜在意识，我燃起了想要学习缅甸语的欲望。

“如果每天都去跟店员学习缅甸语的话，说不定自己就能稍稍说出一些了。”

怀着这样的想法，我每天都去吃面，一点点学习着缅甸语。对我来说的一小步就是走到面馆。

在那个过程中，我渐渐记住了一些缅甸语，跟缅甸人的关系也变得更加友好，同时对缅甸这个国家本身也燃起了兴趣。

如此一来，想要去缅甸亲眼看看也是人之常情了。

于是我拜访了缅甸，之后还去了好多次，甚至想要去做与缅甸相关的工作，并真的为此辞掉了当时的工作。

现在我一直支持着我的委托人在缅甸的活动，而且同时为了日本和缅甸的发展，我还想要对缅甸人进行培训指导。

我所向往的关于缅甸的“蓝图”是自己满面笑容地给缅甸客户培训，让缅甸客户达成令人瞩目的成就。如果能够实现，我简直想不出有什么比这更令人高兴的了。

“先试试看”时最重要的是自己的直觉。

遵从自己的兴趣和内心向往的感觉，坦诚地行动起来吧。不过遵从这种感觉的前提是已经明确了“不可动摇的价值观”和“向往的蓝图”。

如果已经明确了这两点就可以相信自己的感觉。不要被违反蓝图和价值观的事迷乱心智，也不要对那些事产生向往。

听从直觉，先试试看。建立在直觉上的一小步，可能会对人生有极大的改变。

chapter

3

Change myself

第 3 章

成为一个有行动力的人
10 秒钟转换思想

“改变自己”

经过“了解”和“学习”之后

终于到了

“改变自己”这个阶段。

改变能左右自己行动的想法吧。

改变心情和视角

进而改变你的想法。

如果改变了想法

就会成为一个有行动力的人。

10 秒钟就行动的“情绪选择法”

不管是做不到还是不想做，总而言之都是由情绪决定的。

那么本章就带着大家来看一看如何转换心情，然后如何将行动转化为结果。

想要转换心情只要很简单的几步。

原本不管在什么情况下，人都可以选择自己的心情。如果觉得失落，那么行为也跟着失落；如果做一些有活力的事，那么心情也跟着高涨起来。

但是即使明白这个道理，人们还是会感到失落，或者陷入混乱的感情中。

应对这样的情况，我们一边说明一些基本的原理，一边教给大家“**重新设定情绪的方法**”。五个原理如下所示：

①明白情绪是可以选择的。

②用情感表达的三要素（表情、动作、语言）来转换情绪。

③回忆就能改变情绪。

④想象就能改变情绪。

⑤情绪可以传达。

下面我们按照顺序来看一看这五条原理。

首先是“明白情绪是可以选择的”。

情绪大体上可以分为阴和阳两种状态。所谓阴阳，更容易理解的说法就是正面的或负面的，也可以说是喜欢行动的情绪和不喜欢行动的情绪。

阳性情绪：向上、向前、外向的、社交的、活动的、开朗的、想要行动起来、充满活力、扩散、跳跃、前进、加速。

阴性情绪：向下、向后、内向的、非社交的、阴郁的、不想行动、沉静的、失落的、收缩、静止、后退、减速。

并不是说哪个好，哪个不好。只是方向性正好相反，每一种对人来说都是很重要的状态。

这些情绪也会对我们的思考和行动产生巨大影响。

如果情绪非常放松、明媚、欢快，就会产生向前的想法；而如果情绪很阴暗低落，思想就会向后倾斜。

所以一切都要从**知道“情绪是可以选择的”**开始。很多人都认为情绪不可控，但其实是可控的。

方法就请参照下一个步骤“用情感表达的三要素（表情、动作、语言）来转换情绪”。

10秒钟就行动，要改变“情感表达的三要素”

“情绪”是看不见也摸不着的，所以眼下想要控制情绪是非常困难的。想要改变情绪，可以通过改变与其相关的“情感表达的三要素”来实现。

“情感表达的三要素”是“表情”“动作”和“语言”。

首先从**表情**说起。

人如果感到悲伤，就会做出悲伤的表情。不过婴儿虽然总是会哭起来，但他们并不是因为悲伤而哭泣。想要吃奶、想要翻身等所有的意图都会通过哭来表现。等婴儿长大后才渐渐有了笑、哭、怒、喜等表现。

也就是说，**脸上的表情是为了表达感情而出现的。**

如果脸上出现悲伤的表情，就算本来不觉得悲伤也会变得悲伤，而如果脸上是一个灿烂无比的笑容，那么人也会变得开心起来。我们要利用的就是这一性质。

改变面部表情，引发出与表情相连的情感，那么与这种情感相称的情绪就自然产生了。

改变表情后，下面请加入全身的**动作**。

我曾听过首尔奥运会花样游泳铜牌得主田中京的演讲。她说了以下这段话：

“每个花样游泳选手都是昂首挺胸、满面笑容地入场，可能有人会觉得惊讶：‘比赛前居然能笑得那么开心’，其实正相反。如果我们不拼命地保持笑容、昂首挺胸，那么就会被压力击溃。”

花样游泳选手为了营造出适合比赛的情绪才做出了那样的表情和动作。顶尖选手都知道可以用动作和姿势来保持情绪，让情绪高涨起来，并用情绪来影响自己的行为。

我们也可以根据动作和姿势品尝到自己期待的情绪。

我习惯将手肘弯成直角，让两只手臂的肌肉都凸现出来，握紧双拳向上举起。

每个人的做法都不尽相同，请大家试一试什么样的动作能让你的情绪高涨起来。

然后是**语言**。

请大家试着喊出一句能让自己鼓起勇气的话。

对我来说，只要喊出“做到了”，就算不知道究竟做到了什么，还是会有“做到”的心情。每个人的选择可能都不一样，比如“太好了！”“棒极了！”“好高兴！”等等。

请大家找找哪句话能让自己情绪高涨起来。

就像这样，将“情感表达的三要素（表情、动作、语言）”全部改变，至此你的情绪就会焕然一新。

另外为了保险起见，还要教给大家一招，那就是大笑能够将不好的情绪一口气吹得烟消云散。

大家一定要体验一下大笑的瞬间心里忽地放空的美

妙体验。

这个瞬间人就像变成了一张白纸。

如果能有这样一个瞬间，情绪可以很容易地重新设定。

回忆就能改变情绪

下面讲一讲“回忆就能改变情绪”。

让我们做一个小实验。这个实验是当你想要发怒的时候请试着笑一笑。

首先，请想出一件让你生气的事。过去或最近的事都可以。比如“钓鱼出了错”或是“吃饭点的菜被忘了”等，什么样的情况都可以。

就在你越想越生气的时候，请大笑。请尽可能夸张地放声大笑。

怎么样？

愤怒的情绪是不是一下子就不知所踪了？

想要再一次感受愤怒的情绪，不回想当时令人生气的插曲想必是很难的。

所以大家要边回忆边感受。

我曾在前文中写过“请想出一件让你生气的事”，有些人可能会问，如果忠实地按照我说的去做，想出让自己生气的事，会不会越想越生气，愤怒的情绪也就此萌芽了呢？

正在读书的你根本不可能发生什么令人生气的事。

但是没关系，你曾经尝到过生气的滋味。

情绪是可以随着对当时场景的回忆而被唤起的。也就是说，只要回忆起过去的体验就能改变情绪。

想象就能改变情绪

下面到了“想象就能改变情绪”这一部分。

想要营造出一个完美的心情该怎么做呢?

在培训指导会上，我会让大家回忆起到现在为止发生过的各种场面，同时也会让大家思考一些问题。除了实际经验以外，我还会让大家想象自己站在一个制高点上俯瞰未来的情形和他人的感受。

这就是开头提到的视角转换。

一旦转换了视角，情绪瞬间就会改变。

你也应该体验过这种视角的转换。比如看完电影后会不会觉得情绪发生了变化?看完动作片和看完爱情片之后，情绪上的体验肯定是不同的。

跟看电影是同一个道理，大脑在看见什么东西后就会轻易地转变情绪。

电影都是虚构的，不是自己人生中真正发生的事。但尽管如此，却能极大地改变我们的情绪。

当你脑海中浮现出自己想要的人生蓝图中应有的种种时，情绪就会开始变化。

培训指导会就是让我的委托人描绘出他们“向往的蓝图”中应有的种种。

之后人们就会沉醉地露出美好的表情，情绪一下子就变得特别好。

就是这样，想象自己人生的种种场面要比观看什么不入流的电影更让人感到开心。

我只要一想到自己“向往的蓝图”，情绪马上就会高涨起来，简直可以达到最完美的情绪。

想要让自己的情绪变好，请大家想象自己在事业上取得重大成就的样子，或是在南方度假胜地悠然自得的样子，请将这所有种种照进自己的梦想。

调整身边的环境就能改变情绪

情绪很容易受到环境的影响。跟令人生厌的朋友待在一起，情绪就会变得低落，身边都是垃圾和处在一个整洁的环境中，人的心情肯定会有很大差别。

总的来说，就是可以通过改变环境来改变自己的情绪。

如果在职场上经历了非常痛苦的事，似乎马上就要爆发出来了该如何是好？

总不能把垃圾箱踢飞，或是把上司痛打一顿吧？

这时就可以通过改变环境来控制情绪和情感。

首先，一开始要“改变场所”。如果想要改变自己的情绪，请先离开原来的地方，哪怕只有 10 秒也好。可以装作去上厕所，也可以呼吸一下外面的空气，或者进到厕所的一个隔间里让情绪冷静下来也不错。

在那个场所和空间里有刺激你的根源。如果继续待在这个地方会让自己的感情变得混乱。情绪低落时，就试着离开那个地方。

对待突发的愤怒，这样处理就可以了。

如果是针对长期以来的情绪转换，请大家试着改变一下桌上的环境。在桌上摆一些让自己心情变好的小物件。比如摆上自己喜欢的鼠标垫、台历、笔记本等，更换电脑的壁纸和皮肤等，总之就是营造一个适合自己的环境。

环境非常重要。很多人都觉得只要身处家中就能发挥出自己最棒的水平。如果自己的办公桌变成了一个令人愉快的空间，那么去公司也会变得愉快。

如果在自己家里被阴郁的情绪包围起来，就可以通过整理房间、改变房间的氛围来调整自己的情绪。

改变环境就能改变情绪

试着离开这个场所

在厕所改变情绪

整理桌子，让自己被喜欢
的东西包围起来

俯视要做的事，10 秒钟的“视角转换”

行动后能得到成果的人不会只盯着自己的工作不放。他们一定会俯视所有的相关人员，思考这些行动在社会影响的关系中能起到什么作用，之后才开始行动。

如果能养成俯瞰全局的习惯，就能发现在工作中看不到的“盲点”、勉强、浪费、瑕疵。

但有些人明明就想要将精力集中到“自己的工作”上，所以这种习惯就像是强加给他的一种“碍事的工作”。比如像下面这个人。

“为什么必须要这个证书呢？明明会让交易的效率变低”，这个人如果能俯瞰全局，就会理解这项工作存在的意义。

报告一个接一个，就会“将交易中得到的信息吸收到公司总部，从而通过信息收集来明确今后的方针”。如果能理解到这层含义，就会明白为什么必须要做这项工作。

这样一来就会产生自己也是当事人的意识。

“为了做出更大的贡献，要灵活运用收集上来的信息，并希望得到反馈。”也许你会向公司提出这样的提案。

“当自己处在一个更高的立场时，为了改善低效的信息收集法而提出新的架构”或是“试着提出一个划时代的架构”等，也许这一切你都可以做到。

俯瞰全局其实非常简单。作为一个公司职员，仰视自己的上司、上司的上司、部长、社长时，也要站在那个人的立场上，想象他对待工作和业务时会有什么感受。

因此要**转换到俯瞰全局的视角**。

这项工作在两米见方的空间里就能做到。

首先将两米见方的空间的“横轴”和“纵轴”交叉，划分出十字区域。如果不能在地板上画线，凭着想象也是可以的。

接下来准备一些A4纸和笔。然后在横轴的最右端写上“客户”，在它左边写上“产品”，再往左写上“自己”，再往左写上“部长”，然后官职向左依次上升，最后在最左端写上“社长”，将纸一一摆好。

然后在纵轴最上端放上写着“俯瞰全局”的纸，最下端的视角放上写着“毫不相关的第三者”的纸。

写好后依次站到每一张纸旁边，切身去感受那个视角。如果是自己本人，一般会有什么样的感受呢？请具体想象其中的种种。

对于上司等身边比较常接触的人，请大家仔细模仿他的行为举止、说话方式和习惯等。将不同视角带来的感受一一记录下来。

体会从俯瞰全局的视角到毫不相关的第三者的视角，在不同的视角之间来来回回，感受整体的情况。

最后再一次回到自己的视角，重新思考自己的工作有着怎样的意义，再将自己的发现和感受记录下来。

我想大家一定会发现在此之前从未感受到过的意义，也许还会萌生新的想法。

俯瞰全局的“视角转换”

①找到一个两米见方的区域，想象出横轴和纵轴。

②在A4纸上写出与自己有关的人和物，排列到横轴上。

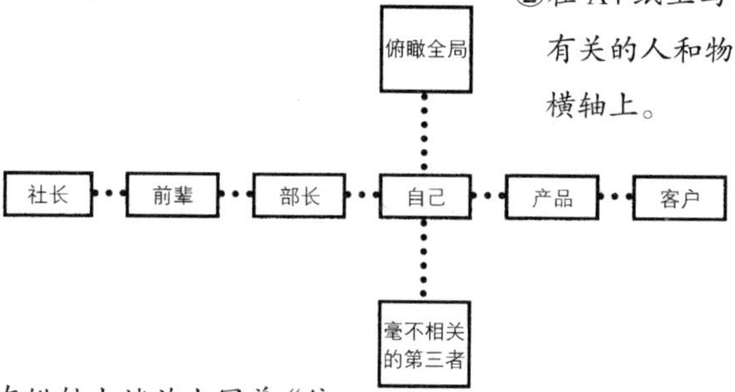

③在纵轴上端放上写着“俯瞰全局”的纸，下端放上写着“毫不相关的第三者”的纸。

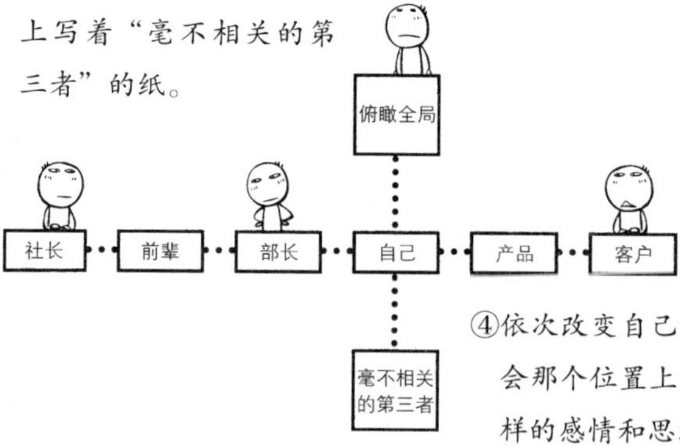

④依次改变自己的位置，体会那个位置上的人有什么样的感情和思维。

为了集中在当下，10 秒钟内将不要的东西扔掉

10 秒就行动的人会把精力集中在当下的每分每秒，而且明白当下可以做的只有很小的事。正因为知道自己现在的极限，才会想出当下能做到的事。

那就是：扔掉不要的东西。

将现在做不到的、不应该做的事统统扔掉。

不需要的工作、不需要的东西、不需要的时间……这些没用的东西统统扔掉。

不需要的东西只会阻碍现在可以做的事。

为什么这么说呢，因为在一天 24 小时的时间里，自己能够自由支配的时间和空间是有限的。如果想要有个新的开始，不将空间腾出来是无法展开的。

首先从时间上加以考量。不由自主的习惯、无意中做出的无意义的行动都必须舍弃。

比如说回家后呆呆地看电视、看 SNS、毫无目的地浏览网页等。请大家检查一下自己的生活习惯，想必在自己没有意识到的情况下，很多事占用了你大把的时间。

对于已经养成的习惯，只喊停是戒不掉的。

重要的是怀着“扔掉的意识”。

扔掉不要的东西就可以确保时间的充裕。

从空间角度来看，大家应该扔掉房间里不要的东西。旧文件、旧书、旧衣服……这类的东西每个人都有很多吧。如果挪出空间，就可以有位置来容纳新的东西，新的行动也很容易开展。

工作上也是一样。想要得到新的工作就必须辞掉旧工作。我为了迎接崭新的人生也从工作了 22 年的公司辞了职，在培训界自立门户。

为了将精力集中在当下，请把不要的东西扔掉吧。

但是也许有人会觉得扔掉未免可惜。对于那些“好不容易才得到的”“不是轻易能得到的东西”更是如此。

真正需要的东西可以留下，不是让大家“扔掉需要的东西”，就像我说的那样，只扔掉不要的东西。

不过也会有人有下面这种想法。

收纳达人大平朝子曾说过：“并不是让大家扔东西，而是要在满满的东西中寻找到让你心动的宝物。”

如果认为是“为了扔东西而整理”，心情肯定是不悦的。但是如果想象成是在寻宝，意义就完全不同了。

请大家参考一下现在在美国大红大紫的近藤麻理惠老师的“令人心跳的人生整理魔法”，将丢弃付诸实践。

只有丢弃才能迎来新的开始。

10 秒钟转换思维，将不安姑且放在一边

下面教大家如何暂且将“不安”放到一边。我们使用了双脑同步（hemi-sync）音响技术的冥想体系，在冥想前的准备阶段一般要用到这种技巧。可以将不安和杂念暂且排除，提高专注力。

去除不安的思维转换箱

①深呼吸放松。

②闭上眼睛，想象眼前有一个结实的箱子。

③箱子是什么形状都可以，上面有一个结实的盖子。

④打开盖子，箱子没有底，是一个可以收纳所有东西的箱子。

⑤现在请将让自己感到不安、觉得有风险的、阻碍你去挑战的东西全都放进这个箱子里。不需要一个一个想出为什么不安，只要想象自己将这一切都放进了箱子里。

⑥盖上盖子，将箱子推得远远的。

大功告成。想象阻碍你发起挑战的一切杂念都被收在了箱子里，然后放在心里某个很远的合适的角落。

并且随时可以在需要的时刻将这个箱子拿回来，打开盖子，将里面的东西取出来。然后请大家想象此时箱子里的不安已经不再是不安，而是变成了带给你勇气的温暖能量。

不安一旦装进箱子里，请大家把这个箱子想象成一个能用神奇的力量把不安转化为勇气的魔法盒。这样面对挑战时就不会动摇了。

去除不安的思维转换箱

①深呼吸放松。

②闭上眼睛，想象眼前有一个结实的箱子，箱子有一个结实的盖子，是一个可以收纳所有东西的箱子。

③将让自己感到不安的东西、觉得有风险的东西、恐怖的东西全都放进这个箱子里。

④盖上盖子，将箱子推得远远的。

箱子可以随时打开，转换成积极的能量。

在 10 秒钟内只集中在“当下”

行动力很强的人会集中在“当下”。那么当下他们是什么感受呢？

概括成一句话就是乐观。不被过去和未来拘束，享受现在，接受所有的变化，一直保持较高的行动力，总是感到内心很安定。拿河流和池塘里的水来说，就是一直保持流淌，不会下沉的“流动”状态。

这在武士道中被称作“不定状态”。对阵中不知道敌人会发动什么样的攻击，如果假设他一定会出某一招，当人家没有这样做的时候，自己就被取了性命。所以不要这样做，要随时保持变化的状态，这样才能保持安定。见招拆招的同时，自己也要有所改变。

请大家要重视这种“不定状态”。

也就是集中在“此时、此地”的乐观状态。

在培训指导中，倾听客户的话时不能先入为主，这叫作“白纸状态”。如果先入为主，那么一切其他可能都关上了大门。为了帮客户打开所有的可能性，我们一直非常重视这种“白纸”的状态。

想要成为行动力强的人，必须要在心里打开自己所有的可能性。

想要推进事业就必须要有乐观的心态。

从一个移民到苏格兰的孩子到钢铁大王，安德鲁·卡内基可以说是美国梦的代名词，他曾说过：“**开朗的性格要比财富更受人尊敬**。”

乐观是指既不拘泥于过去，也不会被未来的不安击溃，只集中在“此时、此地”的一种状态。所以在这种状态下可以做出大胆的决断，展开大胆的行动。

那么为大家介绍一下集中在“此时、此地”的乐观养成法。

那就是在10秒内让心变成一张白纸，让思想集中在“此时、此地”的训练。

如果能让自己的内心空出10秒，就再也没有比这还要轻松愉快的了。

体验10秒内变成乐观的“白纸状态”

①闭上眼睛，深呼吸几次。

②将杂念放进“消除不安的思维转换箱”（参照P.124）。

③如果没有任何限制，自己想要过什么样的生活，请描绘出“向往的蓝图”中的种种。

④如果觉得已经想象得非常充分了就停下来。

⑤慢慢从1数到10，下意识地继续深呼吸。这时什么也不要想，只要注意空气吸入呼出的感受和呼吸的声音。

⑥数到10以后，请对刚才过去的时间心怀感激。在心中默念“谢谢”效果会更好。

⑦慢慢睁开眼睛。

经过这个训练，就可以感受10秒进入乐观的“白纸状态”。

在从1数到10期间，让大家把注意力集中到呼吸上是因为呼吸是“此时、此地”发生的变化。

每天都进行这样的训练，理解什么是乐观的意识状态后，就可以随时随地享受乐观的情绪了。

集中在“此时、此地”，以乐观的心态一步步行动起来吧！

过去的失败、记忆在10秒钟内改写

至今为止的人生都是过去的事了。

时间一瞬间、一瞬间地过去，现在也会成过去，未来也会渐渐变成现在，之后摇身一变也成为过去。

但是对于过去的事和经验的“解释”是可以改变的。

自己犯下的错误和失败，可以成为以后的教训，让你不再重复失败，这样过去的失败也可以改写成学习的经验。

那么应该怎样有效利用这些经验呢？

其中之一就是可以成为控制情绪的素材。

想到那些快乐的回忆、感动的过往时，就可以转换成当时的情绪。

比如请大家回忆一下在温泉里优哉游哉的记忆，虽然现在并不是在泡温泉，可是却会感受到一种悠然的情绪，整个人都放松下来。

在过去的事中寻找现在想要品味的情绪，只要能细致地回忆出来，就可以调控情绪。

另一个作用就是可以从过去中得到体验。不管是成功的经验还是失败的经验，请大家把从中学到的体验一一记录下来。这样就可以将当时的体验有效运用到现在和未来的生活中。

得到体验的方法如下所示：

①将体验作为一段插曲回忆起来。

②想出能象征那次体验的一瞬间的画面。

③想象自己现在就处在当时的画面中。

④确认那个画面中可以看到的、听到的和切身感受到的东西。

⑤重新想象那个画面中的种种，加以体味。

⑥品味过后，问问自己再次体验后从中学到了什么。

⑦将体验总结为一两句话。

就像这样，将得到的体验记在笔记本或手机备忘录上。时不时拿出来看一看、读一读，自然就能有效地运用当时的体验了。

过去的体验，无论成功还是失败都是支撑你现在与未来的珍贵财富。

了解动机的本质就能控制动力

我曾听人以这样的形式来描述动机。

“部长居然说出那样的话，员工工作的动机肯定会减弱！”

“工资这么低，哪还有什么工作的动机？”

在日本，人们往往把动机当作一个会被他人左右的东西。本书一开始也在一般意义上提到了“动机”这个词。

但是动机本来的意思其实是“行动的理由、目的、原因”等“动力的因素”，就是给人的行动“加把劲”的意思。

刚才提到那两句话中，其实真正减弱的不是“动机”，准确来说应该是“动力”。

大家一定要注意在使用“动机”这个词的时候，是否想要暧昧地表示自己的“动力”减弱了。与其这样暧昧不明还不如深刻承认自己“失去了动力”，然后想想该怎么办，这才是明智之举。

我想要表达的是，**决定“动力因素”的是你自己**。**有没有“动力”是由你自己决定的**。

虽然人们确实会因为他人的言语和环境对“动力”产生上下波动，但重要的是不要随波逐流，认真找到自己的“动力因素”，靠自己的努力将“动力”振奋起来。

解开对动机的误解，10 秒钟内改变想法

那么所谓“动力的因素”究竟是什么？

从管理者的立场出发，“动力”就是一般意义上的动机。

· 金钱（报酬、工资、奖金）。

· 闲暇（周末、时间、休假、工作方法）。

· 位置（地位、职位、权限、名声、名誉）。

以上是为所有雇佣者准备的能激发员工“动力”的东西。

这叫作“外发式动机”。所谓“外发式动机”就是丹尼尔·品客所说的“动机 2.0”。

但是如果认为“动机 = 外发式动机”，就会产生以下误解：

误解 1：动机是他人给予的。

误解 2：动机是由报酬决定的。

误解 3：动机会根据他人的看法而上下波动。

动机是“动力的因素”。如果别人不给，自己就找不到“动力”、觉得可以根据“报酬”来控制自己的“动力”、得不到别人的夸奖就没有“动力”，这三种情况一模一样。

但是我们自己应该可以唤出“动力”。就算一份工作没有报酬、也得不到任何人的称赞，也可以让我们埋头苦干。那就是从我们内心不断涌上来的“我想干”“想试试看”“真有趣”“干起来”的情绪。

动机还有另外一种。

那就是“内发式动机”，也就是丹尼尔·品客所说的“动机 3.0”。

所谓“内发式动机”就是本人觉得“这很重要”“非常喜欢”“这么做我很高兴”，自己会认同这些事的价值，除此之外别无其他。这里绝不动摇的强烈的价值认同感又叫作**“不可动摇的价值观”**。

之后又会更深入地想到“其实我想变成这样”“想要过这样的生活”“想做这件事”等，只要想到未来的样子就会觉得心驰神往。那就是**“向往的蓝图”**。

“不可动摇的价值观”和“向往的蓝图”正是“内发式动机”的真面目。

10 秒就能得出结果的人都能明白动机是“动力的因素”。而且比起“外发式动机”，他们更愿意遵从“内发式动机”自律地行动。

作为“动力的因素”“不可动摇的价值观”和“向往的蓝图”要一直保持明确，就会明白原来动力是可以由自己来调控的。

所以不要把“动机”归结到别人身上。如果想要“动力”就靠自己的努力，参照自己的“不可动摇的价值观”，从自己应该做的事中找到获得动力的方法。

比如当你接到了打杂的工作时，似乎“要把工作变成一场较量就会充满了干劲”，这时可以设定一个假设敌，并设定完成的时间和目标，给自己倒计时等，以激发自己的动力。

有些人会在和别人的交流及融洽的人际关系中找到动力，那么在打杂的工作中，跟别人进行愉快的对话也不失为一个好办法，想象受到自己帮助的人会有多么开心，动力自然就会涌现。

另外，对于那些重视逻辑和过程的人来说，可以想出对这项打杂的工作最有效的顺序，并按此实行，这就会变成一项充满成就感的工作。

只要理解自己的“动力因素”，不管什么工作都能开开心心地接受。

成为一个早上只要行动10秒钟就能得出结果的人

清晨早早起床，在上班前挪出10分钟，当作一段输出时间如何？

我想要推荐给大家的方法是“**清晨的语言输出**”。

这里输出的有“对内的话”和“对外的话”两种。对内的话是在不让任何人看见的前提下写下来的，对外的话是以给他人阅读为前提写下来的。

清晨的时间里，首先希望大家倾诉的是“对内的话”。

在这个微博和Facebook盛行的年代，很多人写出来的东西大部分是为了给其他人看的对外的话。但正因为处在这样一个时代，在不给任何人看的前提下写给自己的话才尤为珍贵。

毫不忌惮别人的看法而写下的话可以让自己的内里“可视化”。

朱丽娅·卡梅隆曾出版过一本书，叫作《做一件你一直想做的事》（桑玛克出版），书中推荐大家每天都应该用三页笔记本来记录“对内的话”（现在头脑中涌现的话）。她给这个笔记本取名为“清晨之页”。

就算写不出什么文章来也无所谓。反正谁也看不见，意思不通又能怎么样？就算写的字后来自己都读不上来也不要紧。

总之，要把那个瞬间的所思所想原封不动地记录下来。不是用电脑，而是用手写。尽可能用一个专用的笔记本，而且为了引起重视，希望大家能使用一个比较高级的笔记本。

因为是手写一些类似于独白的字句，请大家试着这样写一写，例如，好困啊。手指动不了了。昨天的电视节目真无聊。我很介意部长说的话。

每天都持续下去，就会明白自己的感受，表现欲也被激

活了。

还会明白自己究竟想要做什么。能够早起的人不妨试一试开始书写自己的“清晨之页”。

清晨用 10 秒钟检查自己的身与心

相反可能有很多人一直睡到马上就要迟到了。

这种情况下请这些人用 10 秒做一个小测试。

这个测试能帮助我们检测自己的情绪，愉快地度过这一天。

这就是**分别把握自己身体状态和心理状态的方法**。

当我们身体不好的时候，情绪也会低落，身体状况良好时情绪就会高涨起来。所以人现在的情绪是由身体状态和心理状态混合产生的。

那么请按照下面的说法一一检查。

①如果身体状况满分是 10 分，你能得几分？

②如果心理状况满分是 10 分，你能得几分？

给身体和心理分别打分，就会看清现在情绪的真面目了。

“现在很累，只给身体打 2 分，但是只看心理的话有 7 分，原来如此，看来我只是太累了。”

这样一来就可以客观地捕捉到自己的状态了。

身与心团结一致，总会有办法避开情绪的低潮。

相反，如果身体得了 10 分，心理只得了 2 分，此时的情绪非常低落，这时我们要做的只要好好体会就可以了，或者我们可以选择情绪，利用表情、动作和语言等调控情绪的方式来开始新的一天。

10 秒钟转换视角，让视野更开阔

为了让迷惑和烦恼统统消散，开阔视野是非常重要的。

“开阔视野”指的是不只停留在自己的视角上，而是站在比自己视线高的位置，以一个较高的视角审视自己的行为。从他人或其他部门、客户、地域、社会、国家、亚洲、世界等的视角来重新看问题。

“这项工作完成以后，想想之后该怎么做。”

“站在将来的自己的立场上看待问题。”

“站在将来的相关人员的角度看待问题。”

其实开阔视野并不是件难事。只要开动想象力就能顺利成为其他人，只要从那个人的视角看问题就可以了。

关键是置身于他人的视角。

比如在某个项目中：

①只准备跟项目相关成员等量的椅子。

②按照成员的人际关系来摆放椅子。

③坐在自己的椅子上，观测一下自己对现在这个项目有什么感受。

④坐在其他成员的椅子上，然后一个一个确认从那些位置来观察这个项目。

⑤这次站在一个能看到所有椅子的地方，观测项目整体（这是俯瞰全局的视角）。

⑥将进行到这一步的所有发现都记录下来。

每一张椅子都代表不同成员的视角。在现实中一个一个坐到别人的椅子上、想象他人的视角所带来的感受是非常重要的。现在你应该可以看到很多之前看不到的东西。

10 秒钟转换视角，让你懂得别人的心

在人际关系发生冲突时也是一样，请试着体会一下对方的视角。还是准备跟相关人员一样多的椅子，一个一个坐上去，体会那个人的感受，思考这个问题。

自己的事也要从他人的视角看一看。说不定能看到连自己都感到意外的情况。

就像这样，在实际生活中改变自己站的位置和坐的位置来考虑问题，只要做到这一点，视野就会开阔得多。请大家务必一试。

想要扩大视野的高度和广度，就要拓宽时间轴、拓宽生活圈，并站在他人的视角来看待问题。

如果眼前的工作遇到了瓶颈，出现了烦恼和疑惑，请尽

可能喊出声音，大大地伸伸腰。

坐着的朋友请站起来，站到一个能看见自己座位的位置。然后想象一位自己十分信赖又很尊敬的人，试着体会他的想法。

想够了之后，请从后面看一看刚才自己坐着的位置。以自己信赖的人的眼光来看，会是怎样一番景象呢？

下一步站在一个离座位比较近的地方，展望一下作为一个相关工作人员，自己是什么样子。

甚至还可以从上司的立场、未来的自己的立场来观察。

想象中的自己看起来是什么样子的？

在想象的过程中，朦朦胧胧的雾气渐渐散去，我们会找到问题的答案，迈出解决问题的一步。

最后还是“立即行动”的意识改变人生

不管如何改变自己的情绪和视角，还有一些重要的东西是不会变的。那就是“立即行动”的意识。

当然，针对“立即行动”的观点肯定会有反对意见。

“也不是说什么时候都要立即行动，有的时候还是静观为妙。”

“想好后再行动才好。”

确实可能是这样吧。马上行动后一旦失败了就没有任何意义。但是，**就算没有立即行动，也一定要重视“立即行动”的意识**。

不要按直觉莽撞而行，而是要仔细思考。在此基础上，如果决定了“来吧，行动起来”，可是结果却不能“立即行动”，那么不管经过多长时间也无济于事。

就算要深思熟虑，最终也还是需要“立即行动”的念头。

不管什么时候，“能行动起来的时刻”只有“现在”。

就算决定“明天再做”，那也是现在下的决定。

就算是拖延，也要分为设定了开始期限的良性拖延和没有设置开始期限的“恶性拖延”。

能够决定“立即行动”的人都是能做到“良性拖延”的人。能将拖延的日期定在“现在”，都是一些行动力很强的人。

相反，如果对“立即行动”不能贯彻到底，好不容易达成的“良性拖延”最后也会渐渐拖成“恶性拖延”。

可能有些人会有这样的错觉，认为“立即行动”就是脑袋空空地胡干蛮干。

当然，就算是胡干蛮干也不是什么坏事。行动的量多起来后，学到的东西也会变多，不管是不是会浪费时间，一直持续做下去，肯定会开辟出一条道路。

但是因为时间有限，所以需要更有效率的行动。

最重要的不是什么也不想就行动起来，而是要顾全大局，找到最合适的行动方式。

chapter

4

Change others

第 4 章

与结果息息相关！10 秒钟改变身边的人和事

改变身边的人和事

做到“改变自己”以后，

下一步就是“要改变周围的人”了。

行动起来得出成果的人

关注的不只是自己，还要一点点煽动周围的人

进而得出成果。

自己一个人能做的毕竟有限

伙伴、部下、上司、搭档

该怎么发动起来呢

请大家认真想一想。

不是要控制对方，而是提高对方的行动力

不管什么工作都不是一个人完成的。

顾客、交易客户、相关部门、上司和部下等，肯定会跟别人发生关联。所以单凭自己单打独斗是得不出工作成果的。

“无论如何都希望大家能取得成功”，当你这样鼓励别人的时候，其实可能已经想要按照自己的意愿来控制对方了。

如果对方是自己的部下，那么散养的方式对管理来说很不利，所以有些人在管理中会要求对方提交报告、跟自己联系、商谈等。

但是能获得成果的人绝不会控制对方。

如果让对方处在自己的支配下，对其加以控制，就只能

看出现在的情况是对自己有利还是不利，结果对方可能会弃你而去。

能获得成果的人会“提高对方的行动力”。

因为自己想要做成的事需要对方协助，所以要跟对方一起思考合作的模式，以求灵活运用对方喜欢的事和擅长的事。

一般自己“喜欢的事”和“擅长的事”与对方都不会达成一致。所以若是要求对方“像我一样去感受，去思考”，想必不会太顺利。

比起这种做法，还不如让本来就不同的两个人去寻找让双方都能得到满足的共通部分。

“对方想做、我也希望他做的事。”

“对方希望我做、而我也正想做的事。”

这样的事才是我们应该去探寻的。由此两个人只要做好自己想做的事就能达成合作了。

如果能营造这样的合作关系，自己和对方的行动力都会得到提升，这与加速实现自己的计划是息息相关的。

当你把“对方当作伙伴”时，对方就变成了你的一种“外力”，能够支持你完成计划。

而且同时，你也以你自己的方式支持对方完成了他的计划，成为了他的“外力”。

不要再夸奖了，“传私信”就能让对方出马

想要带动身边的人，最重要的就是他们的“自信”。

如果认为自己没有能力，那就真的相当于没有能力了。就像把钱收在抽屉里忘记了，那么这些钱就相当于不存在。

相信自己固然十分重要，但如果你的生意伙伴和朋友丧失了自信，也会削弱你自己的力量。这样一来就无法作为一个团队来发挥力量了。

如果同伴丧失了自信，那和你发挥不出能力是一样的。

即使是工作上的伙伴，也请你将他能做的事列举出来，培养他的自信心。如果伙伴也是自信满满，则一定会发挥出巨大的力量。

想要让周围的人保持自信，首先浮上我们脑海的可能就

是夸奖。

一般来说人都是越夸越棒，但事实上夸奖也不是万能的。**有时候夸奖很有效，有时候却不尽然。**

夸奖只在上级对待下级时才有令人期待的效果，而且只限于下级对这位上级的话发自内心的接受。

比如你是一位合气道的师父，而对方是刚刚入门的初学者，如果你对他说“刚才那一招，真棒啊”，那么他一定会真心感到高兴，就算你有什么苛刻的建议他也会欣然接受。上司夸奖部下时也是一样。

但是你工作中的搭档不一定是你的部下。也许会是其他部门的部长，还有可能是某位专家或合作公司。

对于这种非上下级关系中的夸奖就必须要引起注意了。如果被下级夸奖，人的心情可能会正好相反。

其实**除了夸奖以外，还有其他方法可以提高对方的自信**。那就是**讲出对手做得到的事、很棒的事、自己抱有好感的地方，总之将一切从自己内心产生的发现和感觉都一一列**

举出来。

这种方法一般被称作“**传私信**”。

不是告诉人家你的判断，而是告诉对方你已经从心里明白了他的行为。比如说：

“我读了您的报告。您查得非常细致，让我深受其教。以后我也要将工作做到细微之处。”

听到这样的话，任谁也不会觉得反感。就算有人觉得这样说也很讨厌，那也不过是对方自以为是的感受，如果他做不到无视，至少也不会真的冲口而出：“你不许这样想！”

只要告诉对方他在你身上起到了什么好的影响，他就会自发开始行动了。

10 秒钟发现对方的优点，为你所用

为了增强对方的自信心，可以下意识地去注意他能做到的事和他比较擅长的事，然后以“私信”的方式告诉她。

但是在现实中，人们的着眼点总是“这里还需要改一下”，这可能是大家最应该注意的开场白了。

被指出问题的一方也会注意到他做不到的地方，并将那个部分在心中放大，这样对方的自信就会丧失了。

想要指出对方需要注意的地方时，有一个正确的顺序。

现在为大家介绍跟工作伙伴聊天时，如何通过五个步骤让对方了解你个人发现的问题。这是将培训过程简化后得到的步骤。

①先聊一聊对方在工作中比较擅长的地方。

②再聊一聊对方不擅长的地方。

③从不擅长的地方挑出还算擅长的地方来聊。

④谈话进行到这，应该重新开始聊希望对方能有所改善的地方。

⑤为了做出改善，先聊一聊首先从哪里开始。

按照这样的顺序，彼此商量对方的擅长点、不擅长的点，然后再一起商量需要改善的点，感觉双方都能很愉快地进行改善。

这样一来，对方就会自发地展开行动了。

防止“不安情绪传染”应该知道的事

如果你正被不安包围，就算不说这种情绪也会向周围的人传递出来。

就像你会感受到他人的不安一样，别人也会感受到你的不安。不管如何虚张声势，该会传递出去的东西一样会传递。

所以我们应该消除不安，积极调控自己的情绪。

先教给大家一个便笺消除法。首先准备三种颜色的便笺和三张（A、B、C）大纸（例如 A3 纸大小）。

①将感到不安的事都写到第一种颜色的便笺上。每张便笺只写上一份不安，写完后贴到大纸 A 上。

②根据自己的直觉将便笺分类，改变间距，贴得让自己赏心悦目。

③做好后整体看看大纸A，请将其中的发现记录下来。

④在观察大纸A并有所发现的基础上，想一想应该怎样做，把想到的写在第二种颜色的便笺上。然后将这些便笺贴到大纸B上。

⑤按照②的要领重新贴好。

⑥将大纸A和B对比，想一想如何能从A变成B。想到什么都记录下来。

⑦以自己的发现为基础，将可行的具体策略写到第三种颜色的便笺上，然后贴在大纸C上。

⑧纵观大纸C，导出为了解决问题的具体行动，建立计划后开始实施。

如果感到不安，必须马上面对，找出应该做些什么，用行动来消除不安。

消除不安的便笺法

准备的东西

· 便笺 ×3 个（最好是 3 种颜色）

· A3 用纸 ×3 张

①将感到不安的事都写到第一种颜色的便笺上（每张便笺只写一种不安）。

②写完后贴到大纸 A 上。将便笺分类，重新排列。

③纵观整体。请将其中的发现记录下来。

④有所发现后想一想应该怎样做，想出来的东西写在第二种颜色的便笺上。

⑤将这些便笺贴到大纸 B 上。

⑥将第一张 A3 纸 A 和第二张 B 对比，想一想如何能从 A 变成 B。

⑦想出以后，将可行的具体策略写到第三种颜色的便笺上，然后贴在第三张纸 C 上。

⑧纵观大纸第三张纸 C，将具体的行动落实到计划。

真心帮助别人的人也会从周围借力

跟一帆风顺的人聊天后总是不由得羡慕，为什么自己就没有那么顺利呢？

但是那些 10 秒就能改变人生的人在听到顺风顺水的人说出这样的话时，他们想的是："太好了，希望你更加顺利！"

职业高尔夫球教练石桥哲哉老师曾说过。

"看到同样打 18 洞的选手，如果不是希望人家'进球！进球！'，而是希望人家'不进！不进！'，那么这个人也不会有很好的发挥。这种现象在很多职业保龄球比赛中都会

出现。”

高尔夫可以说是一项考验心理的运动。

心中的能量会作用到自己身上。如果一心想着让别人失败，那么这份心情也必然会影响到自己。

所以，在祈祷自己一切顺利的同时也要为别人加油，这在心理上十分关键。

请大家在日常工作中多多帮助别人吧。所谓对别人的支持到底是什么呢？这可以从以下三点来看。如果能做到这三点，就可以给对方提供帮助。

· 我能感受到那个人很喜欢自己。

· 我能感觉到那个人很值得信赖。

· 我能感受到那个人心甘情愿为他人服务。

你觉得眼前的人非常优秀，那么向他传递给你的“私信”也是一种支持。

信守承诺、真诚待人的人也需要支持。当别人对我们提供帮助时，表达我们的感谢之情也是对他的支持。

还有如果那个人尊重自己的价值观，并按照他自己的价值观做事，他的行事风格对你产生了很好的影响，此时将你的感受告诉他也是对他的一种支持。比如说：

“看着你为了实现梦想如此努力的样子，也给了我勇气，谢谢。”

你需要传达的，就只有这一句而已。

有时候这种支持的能量会直接返回到自己身上，有时候并不会。

即使如此，这种支持的能量在我们的世界中还是非常多。可以说，我们持续支持着别人，总有一天我们自己也会得到支持。

不要控制别人，而是让自己置身于一个大家相互支持的环境里，这样随时都能找到真正的帮手和周围的力量。

带动对方的三个步骤

现在教给大家带动工作伙伴的方法。

首先，大前提是要放开自己。了解自己的长处和弱点，明白只凭自己做不成什么大事。正因为有工作上的搭档，自己的计划完成的可能性才变得更大。

怀着这样的心情与人接触时，既不会傲慢，也不会过于卑微。你会发现自己只是想找一个人携手面对，这样的想法越来越强烈。

所谓放开自己就是要缔结一个和对方对等的关系。

在这个大前提之下，给大家介绍一下“带动对手的三个步骤”。

步骤 1，相信对方的可能性。

像自己一样，对方也有极限，而正因为对方和自己联合在了一起，才成就了无限的可能性。与自己组合在一起后，对方也向世界张开了怀抱。请牢记这件事。

不要想着利用对方。应该兴致勃勃地期待他能否发挥出某种力量。

请将这种意识告诉对方，同时满怀兴趣地问问他都学过什么、有什么成绩、为什么选择现在的工作、以什么样的情绪在工作，将来有什么梦想。

从他的答案中找到优点，找出可能性和美好的地方，记录在纸上。

步骤 2，尊重对方动力的因素。

在步骤 1 中，我们已经开始对对方有一些了解了。然后请问一问对方喜欢的东西和他擅长的事。每个人激发动力的因素（动机）都不相同，不问一问是不会知道的。

激发动力的因素大致可以分为三种。这里参考了庆应义塾大学高桥俊介教授的分类。

①上升达成类的动力因素

想赢、想变得厉害、想要成长、想要达成的欲望。

②人际关系相关的动力因素

想被感谢、想跟人处好关系、喜欢社交的欲望。

③注重过程类的动力因素

想遵守顺序、不符合伦理就不舒服、重视过程的欲望。

很多人在这三种因素中都有一种非常强烈，另外两种相对比较弱。

如果不跟对方详谈，就不会知道哪一种动力因素对他的效果最强。所以要问一问：

· **之前的工作是好是坏。**

· **之前工作的人际关系是好是坏。**

· **对之前的业务有没有充实感。**

问过之后就会明白对方比较重视的是哪一方面的价值。

知道对方“不可动摇的价值观”后，请务必尊重。

步骤3，让对方参与进来。

明白对方的价值观后，应该告诉他你想要达成的事、你所追求的那方面的能力和请求他的协助的想法。

然后将对方能做哪方面的工作也一并探讨出来。

能否满足对方的价值观，对对方来讲有没有好处，有没有什么地方能让对方把这件事当成自己的事来办，这些也一并都找出来。

要让对方觉得这种合作关系像是一条渡船，一步一步将对话深入。为此应该先听一听对方的意见，不要先入为主。

试着引导出对方感兴趣的合作方法。

“具体对哪一点感兴趣？”“此外你还对什么类型的合作感兴趣？”“做出什么成果会让你开心？”

试着问问他吧。

通过这三步，激发出对方自发的参与，就相当于将对手带动了起来。

而且进入目前这个阶段，大家已经开始了价值观共享，想必已经同时产生了对双方价值观的理解和支持。此时其实你也已经被对方带动了。

迈入另一段人生，与其他的朋友在缘分下相聚，互相尊重彼此的价值观，共怀着同一个目的，就可以完成一个人永远也不可能完成的任务。

chapter

5

Change my life

第 5 章

10 秒钟接近目标的思维与行动的关键

“改变人生”

最后是“改变人生”

就算是为了成为一个有行动力的人

如果不能靠近人生目标

你的行动也没有任何意义。

这一章教给大家如何向“目标 / 梦想”

靠近的思考方法和行动的关键

将行动力和目标结合在一起

人生就会发生巨大的转变。

设定改变人生的目标并一一落实

想要改变人生的人，会先画出一个“指示图”，上面画着从现在开始到目标之间所有的计划，然后依图行动。而有一些走得更远的人能眺望到目标达成后的情况，所以他们会按照一个“更大的指示图”来行动。

某个高中棒球队为了获得大会的优胜，每次练习时都要想象他们获胜以后的种种情景。

他们想象着获胜后，全校师生和教职员工都笑容满面、欣喜若狂，来现场加油的爸爸妈妈和熟人们都喜极而泣。之后他们还看到自己在这么多人的支持下放声大哭、泪流满面的样子。

他们将获得优胜后的现场生动地描绘了出来。

这些队员们每天都要这样想象，就好像自己已经取得了胜利一样。

在培训会上常有人问：

“之后该怎么办呢？”

目标看上去像一个终点，但是那不是结束。目标在那之后一定还会有。而且在之后的之后还有。所以事后认真地检讨就会帮我们想明白“自己想怎样去迎接当时的目标”。

有句话叫作“一日一生”，人生就是一天一天的积累和叠加。

为了想好今天怎么过，必须要想想明天会迎来一个怎样的清晨。然后在描绘出明天想要迎接什么样的清晨以后，还要想一想明天晚上要怀着怎么样的心情入眠。

然后过了一周后转过身看一看，想一想究竟怎么过这一周才会令自己满足。

这样对之后之后的之后不断地追求，以此明确此时此刻究竟应该做些什么。

想要改变人生的人都有“自己的目标”

我曾和一个销售人员聊天。

“你的目标是什么？”我问。

“嗯，这个月的目标是销售额达到5000万日元。”

然后我又问：“这个目标是怎么定下来的呢？”

“这是从公司的年目标到部门的年目标、月目标，以及个人的目标得来的。”

对他来说，公司的目标就是他的目标。

“那么你现在有什么目标？”

“呃……不知道。”

“知道公司的目标，却不知道自己人生的目标。”

这是常有的事。很多人会错误地认为目标应该由他人决定。但其实自己的人生应该有自己的目标。

很多个体户或许对自己的事业有明确的目标，可是对自己的人生目标却不那么明确。

10 秒就会改变人生的人，不只对工作有一个主题目标，他们自己私人的目标也很明确。

对于那些“从没考虑过人生目标”的人，就算只用 10 秒，希望大家问问自己：

“如果没有任何限制，你真正想做的事是什么？”

每天都不断地问，久而久之你就会明确自己的人生目的和目标，勾勒出“向往的蓝图”和“不可动摇的价值观”。

你是自己人生的主人公。如果只按照别人给你的目标生活未免太可惜了。这是你的人生，请按照自己的目的和目标生活下去吧！

向别人描绘梦想的人会改变自己的人生

在你小的时候会不会跟朋友讲你晚上做过的梦?

有时候别人会觉得很有趣，有时他们会觉得不可理解，但对我们来说只要讲一讲就觉得非常兴奋。当然，不只是晚上的梦，对将来的梦想也可以畅所欲言。

但是，长大后有人会跟我们说:“别说梦话了！”

梦似乎被归类到坏孩子的队伍，常常遭到责备。

难道不可以讲梦想吗?

一方面，在公司和一些组织中，有些人既要写企划书又要做提案。既有拿给客户的提案，还有公司内部的会签文件。全部这些都还没有实现，属于提案后有待承认的行为。

也就是现在没有实现，但是想要实现的事。

这不正是梦想吗?

我们常常会讲到组织和他人的梦想。为了实现梦想我们常常要付出劳动。可是另一方面，个人的梦想却总是遭到凌虐，真是件怪事。

说出自己的梦想是将自己的想法化为现实的第一步。

是将不存在于任何地方的东西用语言来表现出来的“第一次文字化”。付诸语言，告诉别人，希望能让别人产生共鸣，得到别人的承认与支持，这其实已经踏上了实现梦想的道路。

成功者自不必说，那些能够改变自己人生的人都会向别人倾诉自己的梦想。在一次一次的讲述中，自己的思想也得到了升华，梦想的质量也得到了提高。就像一直唱同一首歌，自然能唱得婉转悦耳。

讲出自己的梦想，是对世界的提案。

小孩子如果想要吃糖，就会走到店里，跟老板说：“给我这个。”可却什么都不会改变，店员可能会告诉他“要 50 日元哦”，或是告诉他“这是不卖的”。这是店里给他的反馈。

讲述自己的梦想是要告诉全世界，“**我想要这样的生活方式**”。

勇敢地表达自己，这样世界肯定会给你一个反馈。也许有人会反对，但也会出现跟你产生共鸣的人对你进行支持和协助。

如果不肯讲出自己的梦想，世界不会给你任何反馈。你的梦想越大，就越需要讲出其中的一小部分。

像“为了应对人类人口暴增，想要建立一个巨大的宇宙空间”这种宏大的梦想，就应该先确定一个小的梦想，即先将这个想法告诉宇宙技术开发人员。

有时候倾诉自己的梦想遭到了别人的厌恶，可能是因为你只讲一些很宏大的梦想，让对方不知做何反应，因此只能给你那样的反馈。不管什么样的反应都非常宝贵。为了获得宝贵的信息，请大家讲出自己的梦想吧！

我的梦想是在缅甸普及培训技巧，建立一个缅甸人老师培训缅甸的创业者和经营者，给想实现梦想的人提供帮助的新世界。希望在未来几十年有着极大经济发展前景的缅甸，能诞生出许多真心帮助别人的专业讲师，缅甸的发展一定会更好。这就是对我来说的大梦想。

因此我现在想要认识热衷于帮助别人的缅甸人。这就是其中的一个小梦想。

请你也务必讲讲自己的大梦想和让自己迈出一步的小梦想。

能在 10 秒钟改变情绪的人可以改变人生

10 秒内能做的事非常有限。但是这区区的 10 秒，这不起眼的 10 秒就能给你的人生带来巨大的改变。

之前已经教过大家如何在 10 秒内“重新设定心情的方法”和“转换视角的方法”。改变行动、改变人生的开关就在于在 10 秒内转换心情和视角。

所谓重新设定情绪就是选择什么颜色的眼镜来看这个世界。如果觉得闷闷不乐，那么看待世界也都是阴沉沉的。心情愉快时，世界都是闪闪发亮的。

先问问自己现在戴的有色眼镜合适吗?

视角的转换就是指将原本有很多固定限制的视野放大开来。视角被固定后，就很难看到世界真实的样子。有限制的视野也会限制行动，让人很难做出改变。

体会几个不同的视角，从限制中脱身而出，想一想自己到底想要什么，重新审视对自己来说什么才是最重要的，然后自发地选择。

因此视角的转换非常重要。

情绪的重置和视角的转换都是为了让你按照自己的方式生活。是为了获得真正的自由而迈出的第一步。

世界是很多面的，千万不要一根筋走到底。

改变情绪和视角，世界的姿态也会发生变化。世界呈现出什么样的姿态都取决于你自己。

我们生活在这个世界上，不知道可以活到哪一天。

也许有一天突然就离开了这个世界。我们的人生就是既有限又无常。有时候闹别扭，有时候会觉得郁闷，或是突然转换情绪，来一个心花怒放，这一切都取决于你自己。

你体会的情绪和选择的视角会决定你的一生。

作为活着的主体，第一步就是要决定自己的情绪和视角。

“该痛苦的时候痛苦，该悲伤的时候悲伤”，并不是说不能有这些负面的情绪。

重要的是“**你自己选择了它们**”，以及自己有选择情绪和视角的权利。

你想度过怎样的一生？为此你现在都在过着什么样的生活？请大家有意识地思考这些问题。

如果常常能自己转换情绪和视角，你的人生无论何时都是属于你自己的。

愉快地倾听别人的梦想可以改变自己的人生

“我希望将来是这样的”或者“我想这样做”，当别人开始讲述自己的梦想时，你有没有说过“这不可能”“面对现实吧”之类的话来否定和嘲弄他们呢？

其实我们真的需要注意这一点。

否定他人的梦想会产生一种能量，同时能否定你自己的梦想。

梦想就是想法。如果没有想法就不会有任何商品或建筑。离开人的思想也能成长的就只有自然了。人类所做的一切都是从想法开始的。

不管这个梦想在别人看来有多荒唐，对于本人来说都会有着很重要的价值。

即使是一个遥不可及的梦想，在实践的过程中也会朝着可能的方向不断修正。所以当他人在倾诉梦想的时候，不可以因为它没有实现的可能性而加以否定。

能够改变人生的人都会明白这个道理，所以能很愉快地倾听别人的梦想。实现梦想对于本人来说该是多棒的一件事啊！想到这些，再听着别人的梦想，自己都会不由得激动起来。

当然，你没有帮他人实现梦想的责任。也不会有人让你去实现他的梦想，所以不妨在别人的梦想中找到自己能吸取的养分。

比如有时候你也许可以从别人的梦想中学到些什么。梦想中饱含他人的思考模式、价值观。也许会让你有意想不到的收获。

另外，还可以从他人那里吸收到他想要完成梦想的能量。

他的意志是如此强烈，在对他感到钦佩、被他感动的同时，你自己对梦想的信念也会随之加强。那家伙都能做到这种地步，我也可以！

我们甚至可以跟那个人一起想象，如何将两人的梦想放到一起实现。说不定能意外发现两人在彼此的支持下，能够帮助对方找到早日实现梦想的路。

梦想是通往未来可能性的宝藏。不管是别人的梦想还是自己的梦想，它们的源头都是创造力的精华。正因为还没实现，所以有无限的可能，还可以想出各种各样的做法。如果在倾诉梦想的时候，从大脑里就对其持否定态度那真是极大的遗憾。

倾诉梦想是将看不见的思想化为现实的第一步。让我们一起珍惜、共鸣，一起去看看自己的梦想吧。梦想正是现实发生变革的重要因素。

不再烦恼和迷惑，人生就会改变

世间充斥着很多机会。

若没有发现就只能任其溜走。或者发现了却没有行动，机会也就逃开了。

抱着“立即行动”的气概，不让机会溜走才能向前迈进。

想要“发现机会”，就不能被烦恼、纷扰、愤怒等情绪拖了后腿。如果身边充满这样的负面情绪，人的视野就会变得狭窄，自然不能发现机会。

让我们一起消除烦恼、放松心情吧。

在心理培训中，我常常能让客户的迷惑和烦恼消除。但如果你的身边没有导师该怎么做呢?

请大家客观地在纸上写出自己的想法。

“可视化”就是指从外面如何看待自己。心理导师一般都能做到从外部看待自己。没有导师时，请按照书中的要求来做。

首先，请选择一个积极向上的心情。

在此基础上，将自己的烦恼和迷惑写出来。可以用笔记本也可以用便笺。

如果是人际关系相关的问题，可以站在不同人的立场上来细细品味。

俯瞰全局，问问自己究竟想怎么样。具体描绘出自己想要的样子和“向往的蓝图”。

体验“向往的蓝图”，把握全局情况，从更小的行动开始。

没有任何行动会白费，明白这一点的人可以改变人生

好不容易付诸了行动，没想到却闹出了乱子失败了。想必有些人会觉得“啊，时间都浪费了”，并为此感到后悔。

但是时间是不是真的浪费了也无法一概而论。

所谓浪费只不过是从一个视角做出的判断。视角转换后，就会有多种看法。每一件事和行动从不同的视角来看都有不一样的意义。

视角是无限的。

也就是说，“**每个行动和发生的事都有无限的意义**”。

就算现在看起来是浪费，但是也许能看到更深层的含义，希望大家都能找到将其活用的方法。

比如乔布斯从大学退学，为美术字（让文字看起来更漂

亮的技法）着迷，他竭尽全力学习相关技术。离开大学，沉迷于似乎没有任何希望的美术字，可以说是浪费至极。

但是乔布斯为此研究出了 Mac 中多彩的字形。

现在的 Mac 就算装了 Windows 系统，也还是装备着多彩的字形，因为乔布斯学习美术字之后，在计算机中导入了自己认为“文字要美丽”的价值观。

现在我们电脑的环境跟以前完全不同了，用计算机做出的设计也完全不同。这个带有浓郁文化色彩的例子告诉我们，一个人觉得他的人生是浪费的，那么它会带给全世界巨大的影响。

你的经验也绝对不会白费。从所有的视角品味，肯定能获得宝贵的想法。不要浪费自己的经验，并在未来有效利用。

正是这一次次的重复丰富了我们的未来。

就像我们受到了乔布斯的恩惠，你的经验也在未来埋下了一颗种子，我怀着巨大的好奇心拭目以待。

就算写不出这么壮丽的诗篇，我们的体验也不会是徒劳。

比如体验一下体力劳动或是绕绕远，对你本人来说可能是值得后悔的一种浪费。

但是请把这些经验跟其他人分享。说给大家听以后，这件事可能会变成一个笑话，甚至是一段美谈。这段辛苦的故事对你实现未来的梦想能起到什么样的作用都取决于你自己。

我的培训老师平本在成为一个流浪汉时也没有失落，而是把它当作宝贵的经验，最终取得了成功。这是我们业界的一桩美谈。

对本人来讲，可能不想要回忆起自己失败的体验。

但是也许未来会发生同样的事，或者我们的后辈可能会陷入同样的状况之中。

为了那时有备无患，我们要从失败中吸取教训，这样既能防止自己经历第二次失败，对后辈来说也是他们规避失败的珍贵信息。过去的经历和体验如果就这么白白浪费实在是可惜。如果能从一切偶然事件、体验中提炼出教训和精华，那么人生就会变得丰富而有无限可能。希望大家能养成习惯，从多个视角细细玩味。

乔布斯曾说过："Stay foolish."

与其害怕浪费，还不如将错就错，做一个傻瓜，把所有的体验都灵活运用起来。

想要接近目标就不能有太多选择

相信大家都认为选择越多越好。但是事实并不是这样。

几年前，在日本风靡一时的科学研究“选择行动”中证明选项过多的话人会变得无能为力，反而无法做出选择。

反之若只有两项、三项、四项选择就正合适，选项少反而容易做出选择。选择就是意志决定。

但是，如果想法不够就得不到那个真正的革命性的念头。选项太多让人无从选择。但是为了得到高品质的想法，在数量上肯定是有要求的。这还真是个矛盾的问题。

事实上可以将想法创出的项目分为两个阶段，一个是产出量的阶段，一个是提炼出高品质选项的阶段。

也就是数量产出阶段和质量提升阶段。

头脑风暴就适用于数量产出阶段。不管品质如何，先产出大量的想法再说。然后把这些想法分类、联系并统合起来。

将想法分成几大类，再通过实现的可能性、成本限制、顾客需求、市场符合度等条件来进行淘汰。

通过甄别和提炼，剩下的就是一些质量较高的想法了。这样使选项稳定在一个合适的数量，从现在开始再做选择就可以了。

经过数量产出阶段和质量提升阶段后，将选项提炼到很少的数量，就很容易做出意志决定了。

除了工作外还有其他重要的事，这样的人才能改变人生

我们怀揣着成功的梦想进行工作，状态就会时好时坏。

当我们在做一件有意义的工作时，人生中可能有一个瞬间被工作占满了。

我在公司中成为一个新成立的工作班子成员时，感觉新成立的工作和我的人生似乎融为了一体。虽然我们是一个团队在工作，但是感觉就像是自己在培育这项工作一样。

那时候我感觉“工作 = 人生”。

但是那不过是一种错觉，其实工作不过是人的一部分罢了。不管多么沉迷于自己的工作，不管在工作上多么盲目，我们还是有一定的时间是生活在工作以外的。

而且有的时候，就算是立志开始的工作，也会在不知不觉间变得失去本来的意义。虽说重新冷静地审视自己就能明白，可是有时候却偏偏事与愿违。

比如，你选择这项工作的理由是什么？

“因为工资高。”

“因为有名。”

“因为可以出国。”

因为这些理由展开工作，如果工资很高、感觉自己很有名、可以出国工作，这些理由都能得到满足就好了。可是如果工资降了、从知名的岗位上调走了或者从海外工作变成回国工作，那么就失去了做这份工作的意义了。

如此一来，就只能辞职了？

答案不在工作里。

我们必须用超越工作之上的价值观来体会，才能判断是否应该继续这份工作。

任何活动都有其本身的意义和从较高的价值观中体会到

的意义。高于工作的价值就是“人生的价值”。

不管我们多么认真地投入工作，生活中总是会有一些工作以外的时间。另外在小时候还没工作以前和退休以后都属于工作以外的时间。

无论是工作以外的时间还是工作时间都是人生的时间。你想怎样度过自己的人生呢？细细玩味这句话，就会想通在人生的构成要素中，工作应该占据怎样的位置。

说起对私人时间、闲暇时间的看法，有人就会想到兴趣爱好。兴趣当然也被涵盖其中，不过现在我们讨论的是人生整体想要怎么过，是有关你价值观的话题。

对照这个价值观，我们就能对工作下一个结论。对于那些此时此刻还没有找到自己人生价值观的各位，请找找看自己会为了什么而高兴，做什么的时候能让你埋头忘我，做什么的时候能让你快乐。请每天写出一个这样的问题，实践起来试试看。将这个习惯持续下来，应该就能看到自己想要的生活了。

10 秒就能改变人生的人，除了工作还有其他很重要的

东西。

那就是人生的价值观。如果没有任何限制你想怎么活？还有你想要珍惜的是什么？绝不动摇的价值是什么？请时刻明确这些问题。

对我来说，我的理想是吸收世界文化，然后在文章或讲话中将其加工，然后表现出来。

我还希望能让每一个与我相遇的人鼓起勇气，想改善他的表现，想为丰富世界文化做出我的贡献。对待家庭，我希望每个人都能按照自己的方式生活，将自己的想法传递给世界，然后过着快乐而丰富的生活。

我就是怀着这样的价值观来从事现在的工作的。

开始的时候可能无法将语言组织得很精练。我希望每个人能明确一个超越工作的价值观，是一个值得珍惜的关于人生的价值观，这样你的人生一定会更加辉煌。

成为一个不被别人左右情绪的人

本书从头至尾都贯穿着一个理念，那就是“情绪是由人主观选择的”。情绪是一个非常常见的词语，但是在本书中，它又有“意识状态”和“活力状态”的意思。

情绪可以拆分为“情”和“绪”。

如果把“情”看作这个世界整体的活力和活动的能量，就不难想象将“情”分割后的每个单位就是情绪。

说到“我的情绪”，就好像是全世界的能量划分后属于我的那一部分，而能表示现在这个瞬间的活力状态的只有“情绪”。

在世界全部的活力当中，分给我的那份就是“我的情绪”。

将每一个人当作自己人生的主人公，那么自己分得的那份“情绪”就必须要由自己承担。如果受他人影响失去主体性、被他人支配的话，情绪就不是它原本的样子了。

情绪只需 10 秒就可以切换。请大家将这个技巧掌握到炉火纯青，随时保持自己想要的心情。

别人当然也是自己人生的主人公。他或她的情绪也必然由他们自己来承担。我们不可以任意支配或强加于人。希望大家都能与别人缔结相互尊重的关系。

就算别人在背地里说一些阴暗、负面的坏话，也请你当作耳边风，保持自己想要的情绪就好。即使受到了影响，也一定要在当下重新调整情绪，找回自己想要体会的心情。

之前已经说过，想要找回自己的情绪，只需调整“情感表现的三要素（表情、动作、语言）”就可以了。

对自己来说保持愉快的心情在什么时候都是最重要的。

在与他人的关系中，若能尊重彼此的自立自尊，就能站在同一个水平线上相处了。我们只有在活出自我的情况下，才能将自己的情绪向世界发散。其造成的影响必然会波及他人。

这时如果互相之间感同身受、产生了共鸣，就可以相互支持、愉快地合作了。就像跳舞一样，主客成为一体后，根本分不清谁是主、谁是客。

就这样变成浑然一体。接着就会产生相互依存的关系，开始发挥协同作用。这时才第一次从心底里产生“我们”这种关系。

如果能做到尊重他人的自主自律，不要侵害他人的权利、相互尊重、相互帮助，没有比这更令人高兴的了。

读到这里的你，一定能够怀着“不可动摇的价值观”，向着“向往的蓝图”一步步前进下去。我会在心里为你加油。

结束语

感谢您阅读到最后。

本书献给想要开辟属于自己的人生，在各种逆风环境中仍未放弃希望，努力拼搏的你。以“心情和视角转换”的思想为轴心，介绍对您实现梦想切实有用的思考方法。

深度心理学家卡尔·古斯塔夫·荣格说过，人生分为上午和下午，“人生的下午是个性化的过程”。从以适应社会为中心课题的人生上午开始，度过正午时，活出自己的方式即个性化过程就开启了。

不过，个性化过程并不是听从他人之言就可以。个性化过程是活出自我，是发现并实践与他人协作、贡献社会的独创方法。

个性化过程，说的也是我自身。

在作为导师独立门户之前，我做过工会专职秘书长 4 年、专职主席 4 年，切身体验了在泪水和笑容中给予人帮助的快乐和光辉。卸任工会主席的职位后，虽然也有机会回到职场，但是却对投身到原有的工作感到迷惑。

在同一个企业中工作并没有什么不好，但是我却感受到自己的内心中“不想被日本的框架所束缚，想要从缅甸开始，为活跃在世界各地的人们提供帮助”的强烈想法。因此一念而起，独立门户。

从那以来，我在日本和缅甸遇见很多人，并一直在帮助大家实现梦想。反复对话，明确适合自己的梦想，探索活出自我的实现方法，改变生活的方式是客户和教练双方的发明和发现的行为。每日新意层出、开拓人生的方式让人兴奋得心扑通扑通直跳，这是一种成长的不断持续。感谢和我共同享受成长旅途的客户。

写一本书并不容易，凭我一已之力无法完成。果然还是拥有共同理想，在共鸣中的共同协作，才会产生丰硕的成果。

这次，我也是切实感受到了这点。

非常感谢给予我帮助的编辑鹿野哲平先生，以及为我们之间缘分牵线的森下裕士先生。

还有，对我整个人生给予指导的大宫司朗老师（大东流合气柔术　玄修会）、引导我进入双脑同步世界的以坂本政道先生为首的AQUAVISION学院双脑同步指导教练和员工、辅导教师平本昭雄先生（株式会社TEAMFLOW）、我的教练大平信孝先生（株式会社Anchoring Innovation）。和我一起进行挑战的诹访淳子女士（创作歌手）、教给我古神道世界的矢加部幸彦先生（大和言祝会）、末武健一先生（小说家）、治疗师小林政彦先生（RIKOBA代表）、猪冈爱佳女士（JOEL）、桥本弥司子女士（ADWISE）、福岛尚美女士（W-BOZU）、一起在缅甸工作过的熊切拓先生（BRSA）。想向米米提提乔爱（缅甸家庭料理SHIERU · 丰岛区北大塚），毛毛通（Golden Bagan Myanmar Asia Restaurant · 新宿区富九街）、马云奇将（TatTun Aung股份会社）、奥恩林、毛乔松、秋朴维（Hoshi Japanese Language School曼德勒）、天恩（日缅翻译导游）等缅甸的人们表达我的谢意。还有曾帮助过我们，在这里无法一一列举名字的很多人。谢谢你们。

若是本书对您向这个世界解放您无限可能性而多少能够起到一点作用的话，我将不胜欢喜。若是您能够愉快地将对于本书的感想和您想要挑战的事情等以发邮件等方式告诉我的话，那么我将非常开心！

衷心祈祷您今后越来越成功。

藤由达藏

2015 年 6 月

邮箱地址：gonmatus@gmail.com

版权登记号：01-2017-3914

图书在版编目(CIP)数据

10秒钟就行动 ／ （日）藤由达藏著；黄晶晶译．—北京：现代出版社，2017.7

ISBN 978-7-5143-5703-5

Ⅰ.①1… Ⅱ.①藤… ②黄… Ⅲ.①成功心理－通俗读物 Ⅳ.①B848.4-49

中国版本图书馆CIP数据核字(2017)第114349号

10秒钟就行动

作　　者	（日）藤由达藏
译　　者	黄晶晶
责任编辑	张　霆　邸中兴
出版发行	现代出版社
通讯地址	北京市安定门外安华里504号
邮政编码	100011
电　　话	010-64267325　64245264（传真）
网　　址	www.1980xd.com
电子邮箱	xiandai@vip.sina.com
印　　刷	三河市宏盛印务有限公司
开　　本	890mm×1240mm　1/32
印　　张	6.5
版　　次	2017年7月第1版　2017年7月第1次印刷
书　　号	ISBN 978-7-5143-5703-5
定　　价	35.00元